商業空間は何の夢を見たか

三浦展・藤村龍至・南後由和
Miura Atsushi
Fujimura Ryuji
Nango Yoshikazu

1960~2010年代の都市と建築

平凡社

商業空間は何の夢を見たか

商業空間は何の夢を見たか◆1960〜2010年代の都市と建築

目次

カバー写真（下）＝一九七〇年代、新宿歩行者天国でのイベント風景
（提供＝浜野総合研究所）

序

三浦　展

本書の執筆のきっかけは古い。藤村君と私が会ったのは二〇〇九年、ある建築雑誌が伊東豊雄設計の座・高円寺の完成を契機として高円寺特集をするというので、高円寺についてかねてより発言の多い私に、私の知り合いを介して藤村君がインタビューに来た。その後、藤村君の主催する建築会議に出席したり、建築専門ウェブサイト（http://10plus1.jp/monthly/2010/09/1.php）で対談したりした。そうしたつきあいの中で、藤村君が埼玉県所沢市の出身で、新所沢パルコで産湯をつかい、池袋の西武美術館で建築に目覚めた、というと大げさだが、まあそれに近い経歴を持っていることを知り、ではいったいあの一九八〇年代の商業施設とは何だったのか、パルコとは何だったのか、いくつか商業施設を訪ね歩いて考えてみよう、それを本にしようということになった。これが二〇一〇年である。

ところが二〇一一年三月一一日、大震災が起こった。そのため藤村君とは震災に関するシンポジウムを開催して本にすることが優先された（『3・11後の建築と社会デザイン』平凡社新書、二〇一一）。また郊外住宅地の将来についても本を作った（『現在地 vol.1 郊外 その危機と再生』NHKブックス別巻、二〇一三)。そのため肝心の一九八〇年代商業施設遍歴がずっと後回しにされていた。

南後君とは二〇〇六年に国際交流基金の「Raptl - contemporary art from Japan」というシンポジウムで初めて会った。南後君がストリートのグラフィティ(落書き)について研究しているということで印象が強かった。その後南後君はショッピングモールの研究も行い、また渋谷についても研究をしているようだということを知った。特に若林幹夫編著『モール化する都市と社会』(NTT出版、二〇一三)に収められた南後君の論文を読み、また堤清二没後の『ユリイカ』二〇一四年2月号「特集 堤清二/辻井喬」において南後君からインタビューを受けたことから、南後君が商業施設の歴史に関する詳細な知識をお持ちだと知り、藤村君との商業施設遍歴本に参加してくれるようにお願いした。

こうして二〇一四年からあらためて三人で一九八〇年代商業施設遍歴に関する企画会議や予備調査を行い、その後いろいろな変遷を経ながら、ようやく本書が日の目を見たのである。

南後君の関心は渋谷であり、したがってパルコを欠かすことができないということであったので、八〇年代パルコの当事者としての私は、あえてパルコ以前の商業施設について調べることにした。すでに各所に書いてきたが、私はパルコの本質が一九八〇年代的な高度消費社会的なものではなく、一九六〇年代末のアングラ文化にあると思っていたからである。結果としては予想以上にその仮説が証明された。「パルコ以前」を知るために『商店建築』という専門誌のバックナンバーを読む作業は、まさにその時代の空気、特に都市に関する濃密な空気と意志を感じさせ、私を陶然とさせた。

編集会議を進める過程で、南後君の関心は単に渋谷、パルコというところから、広場論へと移行していった。これは必然だった。渋谷パルコは単に商業ビルを造っただけでなく、公園通りをつくり、またその通り沿いの壁にペインティングをほどこして話題になったことがあったことなどから、しばしば若者の広場をつくったと言われることがあったし、パルコとしてもそのように主張したこともないではなかった。だからパルコを語っていけば広場を語ることになるのは必然だったのだ。

南後論文にあるように広場論は戦後日本の大きな思想的流行のひとつである。そして広場論は一九六〇年代末の若者のカウンターカルチャーとも深く結びついていた。それは、テレビやラジオの番組、あるいは新聞、雑誌のコラムなどの名称にしばしば「広場」という言葉が使われたことからも明らかである。つまり、若者の（若者のためだけでなくてもいいが）広場が、時代時代の中でどこにあったかということが、都市論、東京論、若者論を結びつける大きなテーマなのだ。そして、その広場（的なもの）をパルコなどの商業施設が率先してつくろうとした時代があった。それが渋谷パルコ誕生前後の時代だったのだ。

南後論文が、渋谷パルコとその後の渋谷、あるいはその前後の都市と広場について論じているのに対して、藤村論文は新所沢パルコという郊外のショッピングセンターから出発する。

まさに新所沢パルコ開店準備のための調査こそが、私がパルコに入社当初から関わった仕事だった。開店準備のための調査とは、パルコにテナントを誘致するために、所沢はこんなにいいところで、こんなに成長性のある市場があり、こんなに将来性があるということを証明するための資料づくりである。

だがこの作業はスムーズではなかった。どういう角度から見ても、たまプラーザや浦和などと比べて所沢には遜色があったからだ。だが、おそらくそうであるがゆえにこそ、新所沢パルコには強い「虚構」が必要だったのだろう。

もちろん渋谷のうらぶれた区役所通りを華やかな公園通りに変えることだって大々的な虚構づくりだ。しかし都市というものはそもそもがそういう虚構の場所である。丸の内も銀座も浅草も新宿も、ロンドンやシャンゼリゼやモンマルトルやラスヴェガスに見立てられてつくられてきたはずだ。

だが郊外の住宅地に、日用品を売るスーパーではなく、パルコらしいショッピングセンターをつくって繁盛させるには、都心に百貨店や若者向けの商業ビルをつくるとき以上に強い虚構が必要だったにちがいない。その苦し紛れの虚構づくりを、業界ではコンセプトづくりというのだ。

コンセプトは消費者の目を引くためというよりまずは社内のスタッフを統合するシンボルとして重要である。いったい俺たちはどんな店を作ろうとしているのか、それが決まらないと、テナント誘致もインテリアデザインも外観の設計もできないからである。それは新車開発でも何でも同じことである。

こうして新所沢パルコの建築には、ミラノのガレリアがモチーフに選ばれ、その空間コンセプトにはなぜか、尼寺やチェーホフが登場した。そして所沢という地域をもり立てるために「第四山の手」という虚構《コンセプト》が生み出された。それは所沢を、たまプラーザ、町田、金沢八景などを含めたアッパーミドルクラス向けの広大な住宅地ゾーン全体の中に位置づけようというものだった。

「所沢は第四山の手なのよ」と、所沢市内のニュータウンに引っ越したばかりの藤村君のお母様は言ったという。第四山の手だから所沢や新百合ヶ丘に引っ越したという人に私は他にも何人か会ったことがある。新所沢の駅前を見ても山の手という感じはしないが、藤村君の住んだニュータウンは確かに山の手感覚があった。コンセプトは成功したのだ（ただし第四山の手という言葉自体は新所沢パルコ開店の一九八三年の三年後に『アクロス』で提起したものであり、それがテレビなどで話題になったものであるから、お母様はそのころ知ったのであろう。第四山の手という言葉ができる以前は社内では「ゴールデン郊外」とか「多摩ゴールデンゾーン」と言っていた）。

だがコンセプトはしばしば「気まぐれ」であり、時代と共に消費され、古びる運命にある。団塊世代ファミリーの大衆消費の主戦場となった郊外は、都心の商業ビルのようにイメージ先行の虚構だけでは繁盛しない。郊外は、カラオケボックス、ユニクロ、家電量販店、ビデオレンタルチェーンなどの実需に基づく新業態を次々と発展させ、都心に攻め寄るほどの大勢力となった。その勢力を前にしては、尼寺だとかチェーホフだとかいったコンセプトはあまりに力が弱かったのだろう。所沢はパルコというよりライオンズのある場所として全国的に認知されていった。

ではコンセプトは不要なのか。無力なのか。

実は二〇一四年に本書の最初の編集会議が開かれたころには、本書の仮タイトルは「コンセプト型商業施設の時代」であった。それは、ひとつのコンセプト、こんなビルをつくりたいという熱き思いによって商業ビルをつくることができた一九七〇年代から八〇年代という時代（夢多き時代）へのオマージュであった。同時にそれは、効率だけでビルをつくるしかない現代への批判を込めるものであるはずだった。

いや、「はずだった」ということはない。本書はたしかに、効率だけでビルをつくるしかない現代への批判を込めている。銀行のオフィスビルをつくるのではない、商業ビルをつくるというのに、現代では最初から効率が重視される。その効率も売上げのための効率ではない。投資家のための投資効率なのだ！　そこにはコンセプトはない。ファイナンスだけがある。こういうビルがつくりたいという意志がない。家賃で儲けたいという計画だけがある。

もちろん私は悲観していない。コンセプト（意志）に基づく場所づくりは今も行われている。ただそれは商業ビルではないことが多い。むしろそれはまさに広場づくりだったり、小さな古い住宅や商店をリノベーションした居場所づくりだったりすることが多いようである。そういう仕事をしている人にこそ本書は読まれるべきなのだろうと思う。

末尾ながらインタビューに応じて下さった浜野安宏、陣内秀信両氏に御礼を申し上げる。熱いインタビューでした！

第1章

システムに対する反抗

商業施設にとっての七〇年代あるいはパルコ前史

◆三浦 展

高度消費社会のシンボルとしてのパルコという見方は一面的である

かねてより私はパルコを一九八〇年代消費社会の象徴として語るのは間違いであり（それが言い過ぎなら極めて不十分であり）、パルコの本質はむしろ一九六〇年代後半のカウンターカルチャーであると述べてきた（『「自由な時代」の「不安な自分」』晶文社、上野千鶴子との対談『消費社会から格差社会へ』ちくま文庫）。パルコが一九八〇年代消費社会の象徴として語られるのは、パルコ、あるいはセゾン、あるいは消費社会を論ずる人々がパルコに気づいたのが一九八〇年代であった、あるいは論じ始めたのが八〇年代だったということにすぎないように思える。

さらに悪いことに、二〇〇〇年代になり、八〇年代を実体験として知らず、歴史としてしか知らない人々が時代を語り始めると、パルコがたしかに消費社会の先兵であった八〇年代前半あるいは八〇年代初頭までと、バブル経済時代としての八〇年代後半とが、彼らによって同一の時代として混同されて語られ始めてしまった。

八〇年代前半あるいは初頭までと後半には、もちろん連続性があるが、質的に異なる点が多々ある。八〇年代前半あるいは初頭までは当然まだ七〇年代の空気を引きずっているが、バブル時代としての八〇年代後半は七〇年代的なものとはかなり離れた別の時代である。

それに、そもそも高度消費社会の「高度」とはどういう意味であろうか。八〇年代には消費社会論が流行して、猫も杓子《しゃくし》もボードリヤールを読んだが、[*1] そうした論における「高度」の意味は、第一に、消費が商品の実質的な機能を買うのではなく、商品の記号性を買う時代になったという点である。

　記号性とはわかりやすいところではブランドである。八〇年代に入るか入らないあたりから、大学生ですら高価なブランド品を買うことが当たり前になりつつあった。おそらく彼らはパルコの客だっただろう。そうした風俗の象徴が小説『なんとなく、クリスタル』であったことは言うまでもない。陣内秀信はこの小説が、女性が都市に出て歩き回り始めた時代を表していると指摘している（三浦展『人間の居る場所』而立書房、二〇一六、五〇頁）。

「高度な消費」の第二の意味は、これは今はほとんど語られない点だが、そのころから家事労働の外部化が進み、家庭が消費空間化しはじめたということである。たとえばそれまでしばしば家庭で手作りをしていた洋服は、既製服を買うようになり、手作りをしていた食事にレトルト食品や冷凍食品が増え、水すら店で売られるようになり、ハウスクリーニングのようなサービス業も登場した。家庭の中に家事労働から発生する生活臭がなくなることが望まれ、家庭が、より多くの大衆にとって、おしゃれな消費空間であることが望まれはじめたのだ。

「高度な消費」の第三の意味は、文化の消費であろう。しかしそれは、欧米の文化、特にアメリカの大衆消費文化とは限らない。それらとはもっと別の、近代、現代の主流文化を否定する、あるいは相対化する価値観を感じさせる文化を消費することであった。

　具体的には、現代美術、現代音楽、現代演劇であったり、一九五〇〜六〇年代以降のカウンターカルチャー、アングラ（アンダーグラウンド）カルチャーであったり、それらに刺激を与えた世界の民族文化であったりした。それらは一般大衆に知られていないものだったから、大衆の目には先端的な文化として表象されえた。そして、そうしたアングラなものがアングラのままではなくオーバーグラウンドに表出してきたのが七〇年代後半だった。

このアングラのオーバーグラウンド化（表出）にセゾンは大きく貢献した。ついでに言えば、セゾンがなければ一生フリーターをしながらアングラ演劇青年か絵本作家か現代詩の詩人かなにかであったはずの若者までもが、セゾンでは正社員として雇われた（と私は実感として思う）。実際、劇作家の宮沢章夫は菅孝行を引用しながら、高度経済成長とそれに続く産業構造の第三次産業化によって、アルバイトに対する巨大な需要が生まれ、アルバイトをしながらアングラ演劇を続けられる社会が成立したと述べている（宮沢章夫『東京大学「80年代地下文化論」講義』白夜書房、二〇〇八）。

このような意味でセゾンは、あるいはパルコは、一般に目立つ形で認識されたという意味では八〇年代を象徴するのだが、それらの本質、特にパルコの本質は、繰り返すが、一九六〇年代から七〇年代の中に源泉を持っていたと言えるのである。

事実、パルコは一九八一年に日本文化フォーラムが主催する日本文化デザイン賞で、「東京・渋谷に代表される、きわめて現代的で多彩な街づくり、文化活動、および大胆かつ斬新な表現による一連のコミュニケーション活動に対して」を理由に企業文化デザイン賞を受賞している（選考委員は委員長・梅原猛、委員として黒川紀章、山本七平、田中一光、粟津潔、草柳大蔵、井上ひさし、芳賀徹、秋岡芳夫、朝倉摂、高階秀爾、栄久庵憲司）。パルコが八〇年代を象徴する店なら、もう少し後からこういう賞を受賞したはずである。

このように見たとき、パルコが果たした役割を考えるためには、「八〇年代」というわかりやすい枠組みの中で語るべきではなく、まして「バブル」という、わかりやすすぎる枠組みの中で語るべきではないということがわかるだろう。むしろ、一九六〇年代後半から七〇年代前半までの時代状況の中からいかにしてパルコが発生してきたかを考えるべきなのだ。

そこで本章では、当時の商業‐ファッション‐都市‐文化づくりの専門家であり、思想的リーダーでもある浜野安宏、そして都市の考現学的調査をしつつ、あるべき都市像を模索していた望月照彦を導きの糸としながら、また、当時は一種のカウンターカルチャー雑誌であったとも言える（ことが本書のための研究でわかった）『商店建築』誌のバックナンバーをひもとくことによって、一九六〇年代末から七〇年代にかけてのどのような思想状況がその後の各種の商業施設の出現を準備した

図1-1　上／『商店建築』1970年１月号、下／同1972年7月号。表紙には前衛的なデザインが施されている。

か、いわばパルコ前史を考えていくことにしたい。

システム対反システム

私はパルコの入社試験の最初の面接で、パルコという店の印象を聞かれ、表参道に出ている露店のようだと答えた。パルコが企業文化デザイン賞を受賞した一九八一年のことだ。私は、そんなことは知らなかった。実は、それまでパルコに行ったことは二度しかなかった。私はパルコ出版で美術書を出したくてパルコを受けたので、店とか街づくりのほうにはほとんど関心がなかったのだ。だからパルコの店の印象を語ることなど不可能だったのだが、たった二度の経験からそういう答えを必死でひねり出したのである。

そもそも表参道の露店とは何かと思われるだろうが、ある時期までの表参道には、今、井の頭公園のフリマなどに見られるような、金属を細工したアクセサリーなどを、地面に敷いた布の上で売る店が並んでいた。その雰囲気、おそらく自由で、アウトサイダーな雰囲気が、パルコにもあると思ったのである。

だが、苦し紛れにひねり出した回答の割には、その喩えは意外に的を射ていたかもしれない。私はそれから二十数年後に井の頭公園でのフリマについて文章を書き本にも載せたが、それも何かの因縁だろう（拙著『マイホームレス・チャイルド』文春文庫、二〇〇六参照）。

八〇年代以降拡大した都市文化と、パルコ的かつフリマ的な都市文化との違いは、単純化して言えば「システム」対「反システム」である。

システム的な都市文化とは、それこそ八〇年代に流行った現代思想的言説で言えば、一点から大衆を監視するパノプティコン的な管理社会型の文化である。それに対して反システム的な都市文化とは、管理を嫌う、神出鬼没のゲリラである。

近年都市空間がますますパノプティコン的になっていく――とはいえ一点から監視はできないので、無数の監視カメラとIDカードに依存している――理由は、人々のプライバシー意識のますますの高まりのためであり、加えてテロや犯罪への恐怖である。言い換えればさらなる安心、安全への要求である。そのために都市はますます管理された、閉鎖的な要塞となっている。

日本にはアメリカのようなゲイテッドコミュニティと呼ばれる戸建て住宅地はないが、タワーマンションこそが縦に伸びたゲイテッドコミュニティである。もちろん、IDカードなしに入れないオフィスビルもゲイテッドコミュニティである。高級ブランドの旗艦店や高級ホテルにはIDカードがないと入れないフロアもあるが、それらも一種のゲイテッドコミュニティである。私は街に監視カメラを設置することを認めないという立場ではない。しかし都市にゲイテッドな空間が増えることには反発を覚える（この点は拙著『新東京風景論』NHKブックス、二〇一四参照）。

こうした都市のシステム化に対する違和感の表出、あるいはそれへの反抗は、一九六〇年代末あたりから始まったと言えるようだ。象徴的には一九六九年春ごろから始まった新宿西口広場における反戦フォークゲリラが、六月二八日には道路交通法が適用され、ここは広場ではない、通路であるという理由でゲリラが機動隊により排除されたこと、そしてその広場の先にその後高層ビル群が建ち始めたということ、これが都市のシステム化、管理社会化の始まりのひとつのエポックメイキングな事件である。それまで若者の街だった新宿は、若者が自由に集まり、語る場所ではなくなり始めたのだ。

図1-2　1969年の新宿駅西口フォーク集会。この時代には、若者が集まれる「広場」があった。（新宿歴史博物館）

望月照彦は言っている。「その頃（一九六二年頃と思われる＝三浦）の新宿は、野坂昭如氏がいうところの〝焼跡〟のイメージが、まだなんとなく、いたる所に残っていた。」「紀伊国屋の本屋の跡ぐらいに確かハーモニカ横丁と呼ばれるバラックが残っていた。バラックでもその空間は素適に私達を魅了し、そして妙な安心感があった。」「しかし、考えてみると、丁度あの頃から東京は大きく変っていたのにちがいない。」「都市としての新宿の変化は、また同時にこの西口の変化でもあった。」「京王百貨店や、今の小田急ハルクも工事中だったけれど、ションベン横丁と呼ばれている部分が、西口の駅側をほとんど占拠していた。この辺が、焼け跡の名残りとにおいとをまだ残していた。」「この地下の大計画を含んだ西口広場が完成し、」「この広場を見下した時、そのポッカリ

Odakyu
三協精機
men's wear
高久
taka-Q
KITTON
日東紅茶
SHINJUKU WEST STREET

もう一度よく見て流れ手をあげて

図1-5　1973年頃の京王プラザ（左）と建設中の住友ビル。（新宿歴史博物館）

と地上にあけられた穴」「に大げさにいえば、一瞬戦慄した」。「いつのまにか、まったく新宿は変ってしまった。卑猥な嬌声に満ちたあの街、あの妙な民衆のバイタリティにサポートされた街は。それは近代都市計画学の勝利の代償として生贄《いけにえ》にされてしまったのだ。」（望月照彦『マチノロジー』創世記、一九七七。連載は『商店建築』一九七五〜七六年）

　無数の高層ビル、タワーマンションで埋め尽くされた現代の東京から見れば、高層ビルが二、三本建っただけの西新宿を見て、近代都市計画の勝利を感じ取るのはナイーブすぎるようにも思える。だが当時の（感受性の鋭い）若者は、そう感じたのだ。

「この新宿の西口広場の全体に持っている感想を言えば〝つまらないものを作ってしまったな……〟ということであり、昔の西口の方が何となく面白いものではなかったか……ということ

図1-3（前頁上）　1971年の新宿西口商店街。左手にしょんべん横丁が広がる。
図1-4（前頁下）　1966年、建設中の新宿西口立体広場。（ともに新宿歴史博物館）

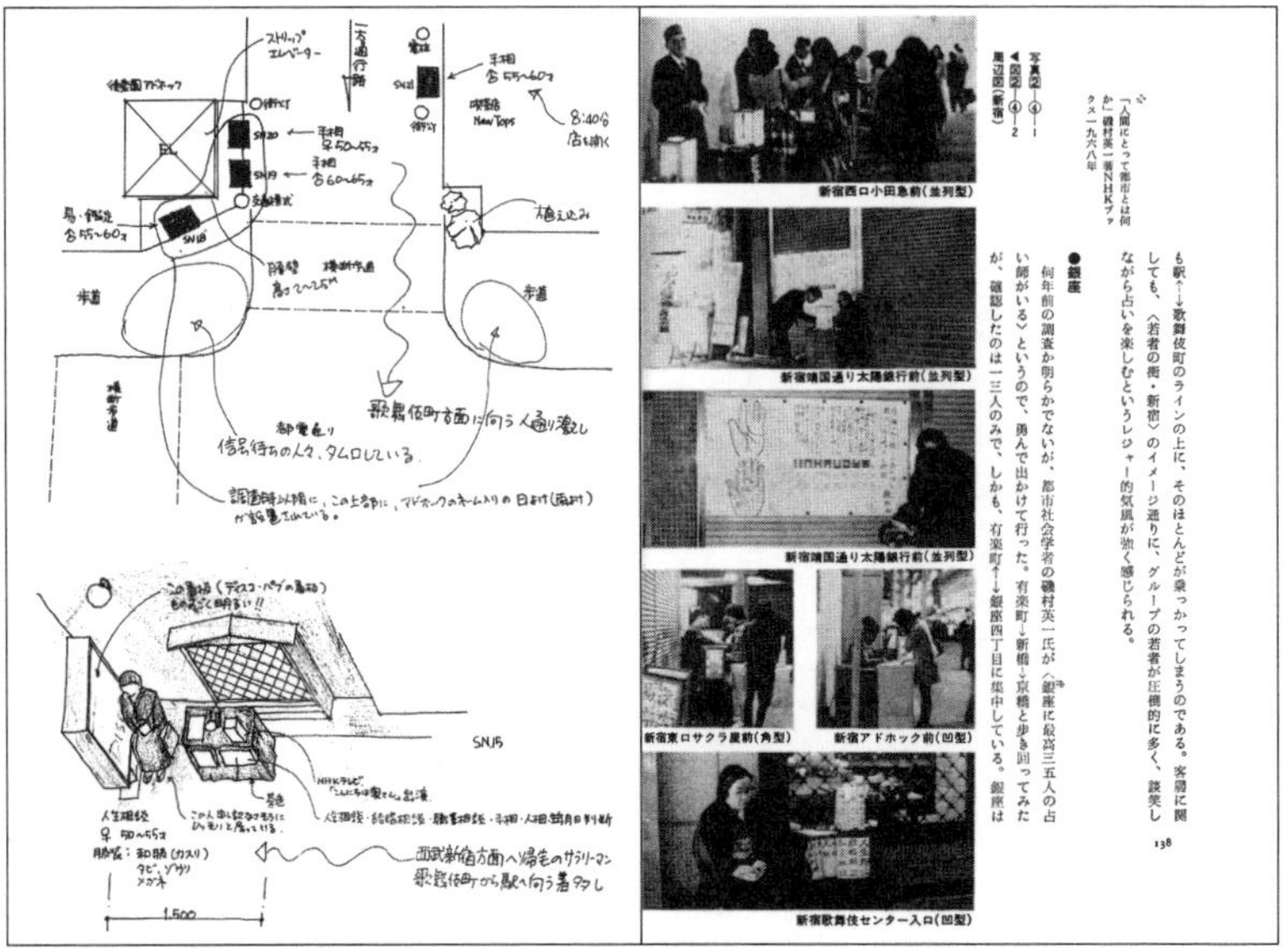

図1-6　望月照彦『マチノロジー』には、都内各地に出没する占い師たちの様子がフィールドワークされている。上部左は歌舞伎町周辺のメモ。

であろう。」「さらに悪いことには、この西口の広場から淀橋浄水場跡にニョキニョキと立ったなんとなくバラバラなデザインを持った超高層群が、かい間見られることであろう。」「しかしこの無機質な、すでに表面的には廃墟化しているように見えるこのエリアにも、ある歴史を超えたヒューマンな存在を発見することができる。」「それは例えば、西口の地下から上って一階の小田急ビルの根本に棲息している〝占い師達〟である。」「〝占い師達〟はこの近代都市にとって一つの違和感である。」（傍点＝三浦、以下同。望月照彦前掲）

　変わりゆく西口は、つまらないものであり、バラバラであり、無機質であり、すでに廃墟に見える。それに対して昔の、占い師が棲息していた西口は面白く、ヒユーマンであるというのである。

都市は「卑猥で、危険で、そしてあやしげなものであった。都市は、社会の悪を内蔵し、おおい隠した。レジスタンスは、都市から始まり、権力に対峙し、悪人は地下下水道を走った。都市には必ず〝秘密結社〟があり、なにかの転覆を企てて、密やかな集まりを重ね」た。「都市はもともと錯綜した一つのコンプレックスな球体であった。ディスオーダーな関係が、総体としては一つのオーダーに微妙に収斂していた」。都市は「危険で醜悪さに満ちているが」「なぜか魅力にあふれていた。」「都市は実に秘密裡に動いているものであった」。しかし「ここ一〇年間に都市は変ってしまった」。現代の「都市を覆うものは〝システム〟である。」「〝システム〟はある権力の化身か、体制によるヘゲモニーの奪取である。」「街がクリーンになり、超高層ビルが出現し、悪漢が追われ」る。「これらは全てが〝システム〟という怪物のなせる技である。」「今の社会軋轢の多くが、このシステム過多から発生し、」「システム相互の軋轢が、そのまま社会軋轢、あるいは紛争となっている。」

図1-7　望月照彦『マチノロジー』

「あるシステムとシステムを束ねることは、システムをより高度化、あるいは精緻化する作業であるが、それがトータリティを獲得することではない。」「システムを超えること……それは可能であろうか。」「街の〝占い師〟の存在のように、人間が奇妙に集まってくる〝横丁〟のように」「都市や街には一見して表に出ないもの、そしてそれらを現象化する構造……すなわちヒドン・ストラ

図1-8　1970年代、成人式の日の公園通り。電話ボックスがストリート・ファニチャーとして存在感を示している。（渋谷区郷土博物館）

クチャーが存在する。」

このように望月は、システム化された都市を人間としてのトータリティのないものとして批判する。そしてパルコについてはこう述べている。「パルコを生みだした増田通二氏は、「堤清二代表と私とで、ある日この通りを歩いていると、通りのロケーションやアトモスフィアが大変素晴らしいことに気付きました。この通りが持つ文化性はタウンスケープを崩さずに何か活性化できないか、と考えたのが今のパルコの存在です」と語っている。」「パルコの例は、一つの商業資本がたまたま埋もれていた〝都市資源〟という鉱脈を探り当てたという話になるかも知れない。そしてそこに、よくいえば、新しい都市の賑わいの空間を創造したということになろう。しかしそれも、最初にそこを歩いた人間のヒューマンスケールレベルからのアプローチがあったからこそ、発見が可能だったのであろう。」と、増田と堤が自分の足で街を歩いたからこそ公園通りがつくりえたのだと評価している。つまり望月はパルコにシステムではない都市を見たのだ[*2]（望月照彦『都市民俗学2——街を歩き都市を読み取る』未來社、一九八九）。

新宿西口広場から渋谷公園通りへ

新宿については、戦後日本最高の建築家の一人・槇文彦も『商店建築』の座談会で言っている（『商店建築』一九七二年1月号「同一化の危機＝商業環境は成立するか」槇文彦、竹山実、三村翰、菊竹清訓の座談会）。

「新宿の場合、私はあまり楽観していないんです。」「歌舞伎町を外国人の友だちと歩いていて、イカの照り焼きをのぞき込んでいたら、ただで食べてみろ、そういうふんい気が残っていて、それなりのよさはあるんですが……楽観していないというのは地価の問題ですね。地価が非常に高いところで再開発とか新開発をしようと思うと、資本の論理からある形をとらざるを得ない。」「最大限の容積を建てようということでさらに密集化をたどる」。結果「ビル街になる」。そうなると「イカの照り焼きを売れるというチャンスがだんだん減っていくんじゃないか。」「みんな名店街の一隅とか地下街に押し込まれて、そこに住んでいる人たちが道に面して商行為を営んでいるところから生まれてくるある種のふんい気は決してこのまま残っていける客観情勢にない。」「むしろ、地価の高くないところの商業地域なんかのほうに、どちらかといえば住みかつ商いを営むという自己表現的なふんい気が残っていくというふうに、私は見ているんです。」

このように槇は、そのノーブルな風貌からはちょっと想像できないが、猥雑で人間的な都市の魅

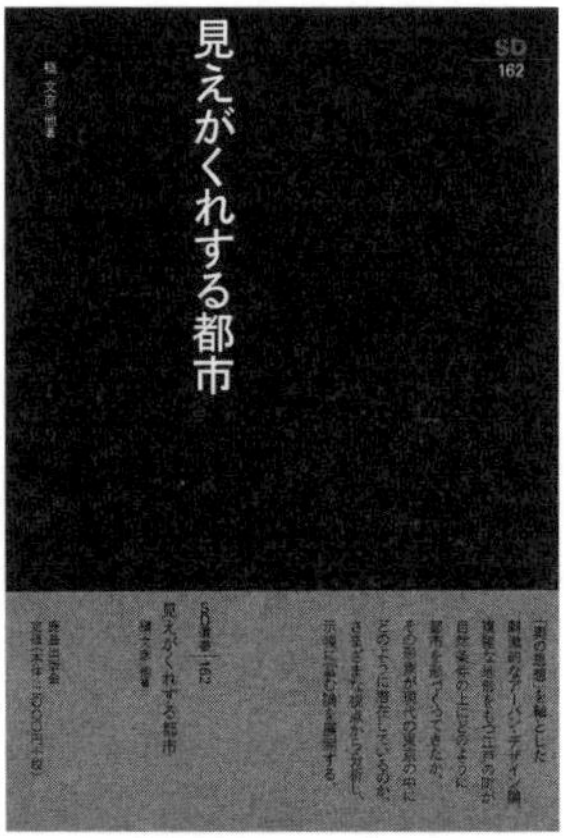

図1-9　槇文彦著『見えがくれする都市——江戸から東京へ』

力を語っている。住宅地とオフィス街に分断されていく近代都市に対して、住みかつ商いを営む都市のあり方を維持する、あるいはつくりだすことの重要性と難しさを指摘しているのである。

しかしそれは、槇が『見えがくれする都市——江戸から東京へ』（鹿島出版会、一九八〇）の著者であることを思えば当然の指摘だ。そして槇は当時既に代官山ヒルサイドテラスの設計を手がけ、長年にわたり代官山の地に、都市的でありつつ人間的で、飽きの来ない、時間が経過すればするほど完成度を増していく場所を育ててきたのだった。だがそれは土地オーナーである朝倉氏の強い意志も手伝っていたことは周知の事実である。オーナーに土地への思いがなければ、建築家だけでは街を良くすることはできない。

「今後新しい町をつくっていくときには、もはやそうした自然発生的なものを望むとか、あるいは計画の中に入れていくということは、資本の論理からいくと非常にむずかしいことになっている。」「多摩のニュータウンなんかにしても、ある大きな開発デベロッパーが参加してやるということになると、彼らのイメージしているものは大きなビルですよ。」と、大資本が高収益性を求めて大きなビル開発をしがちなことを、なかばあきらめながらも批判している（『商店建築』一九七二年1月号前掲）。

このように、西新宿において先行した近代都市計画と近代建築による都市のシステム化に対する疑問は当時から既にあったのであり、それに対する一種のアンチとして商業建築が位置づけられ始めることになった。そう考えると、私は、一九六〇年代の若者の街が新宿であり、それが七〇年代以降、若者の街が原宿や渋谷に移動していき、若者の関心はそれにつれて政治から消費へ移行していったという言説に少し疑問を呈してもいいような気がしてくる。

たしかに激しい政治運動はなくなり、若者はクリスタルな消費を楽しむようになった。しかし、こうとも言える。広場ではなく通路となった新宿西口、猥雑な都市性を破壊し、近代建築が立ち並ぶ空間となった新宿を若者は去り、また別の、都市が本来持つべき自由な広場を求めて原宿や渋谷に移動したのだと。新しい酒は新しい革袋を求めたのだ。実際原宿ではその後、歩行者天国が竹の子族などのダンスの場となり、独特のストリートファッションが生まれた。渋谷では、広場をイメージさせる名前を持った公園通りが人気となったのである。そして原宿も渋谷も、あるいは青山も、大資本ではない小資本の商業が、ファッションをリードするだけでなく、建築、まちづくりにも様々な提案をする生き生きとした都市になっていったのだ。[*3]

小資本がつくるアナーキーで人間的な場所、「違和感」としてのパルコ

このように、一九七〇年代初頭という時代は、都市のシステム化、管理化が進み、それに対するアンチテーゼとして商業建築が位置づけられた時代であったようだ。『商店建築』の別の座談会で

建築批評家の長谷川堯は言っている（『商店建築』一九七二年12月号「コミュニティ感覚こそ商いの場にある——政治との対決なしでの真の商業空間は成立しない」）。

「〝システム〟というのは近代建築にお得意のことばだったけど、いまや全く資本家が大事にしていますね」。建築批評家の小《お》能林宏城《のばやしひろき》も言っている。「三越社長が岡田茂さんにかわってから、（システム化が＝三浦）非常に巧妙になってきた。いわゆるショッピングメイトという女の子を雇って、その女の子たちにあたかも親密に語り合うあるいはかけ合うんですよというかっこうで、若い世代層にものを売りつけようとしている。それは小資本とか異端の資本が一生懸命にがんばってきたものですね。そういうものをエスタブリッシュメントの空間の中に巧妙にとり込みをしてきたという気がする。さらに三越は、銀座の店の前で、出店的な、いわゆるワゴンサービスの商売をしてきた。これは露店形態の商いのしかたや売場空間のとり込みなんです。」

つまり、システム側（エスタブリッシュメント側）の三越が、反システム的な出店や露店（！）の手法を取り込むことによって、よりシステムが拡大しかつ巧妙になっていると言うのである。

また同じ座談会で建築家の宮内康は言っている。「近代の建築家が関心をもち、また実際につくってきたのは、オフィスビルとか庁舎建築、あるいは学校や大規模な集合住宅とかいった大資本や、国家資本にかかわるものであってそういう大規模な資本がつくる建築は、比較的計画の論理にのりやすい。一方小資本が己れの欲望のままつくっていく無数の商店建築は、どう計画の論理にのせたらいいかわからないということだ。」

このように、「近代建築＝官公庁や大資本＝計画＝システム」対「商業建築＝小資本＝非計画＝

反システム」として建築が論じられているのである。

　これらの発言は今から見ると意外だろう。資本家がシステムを大事にするなんて当たり前だと思うからだ。三越がワゴンで物を売るのがなぜ「巧妙」なのか。それが「売りつけようとしている」というのはどういうことか。百貨店が消費者に売るのは当然だろう。現代のショッピングモールでも、客が歩く空間にワゴンが置かれている。それが昔はそんなに珍しかったのか。

　逆に言えば、それまでの資本はもっとゲリラ的であり、あるいは行き当たりばったりであり、思いつきで動いていたということであろう。つくれば売れる時代だったので、売るためのシステムなんてあまり考えていなかったのだ。拙著『昭和「娯楽の殿堂」の時代』（柏書房、二〇一五）でも書いたが、高度成長期の船橋ヘルスセンター、江東楽天地、池袋ロサ会館のような娯楽施設の建設、運営には、現在ほど厳密な計画性が感じられず、逆に無計画さにこそ魅力があった。その他の商業施設も（パルコも）今よりはそういう無計画さやシステムへの反抗があったのだろうし、製造業ですらもある程度そういう面もあったのだろう。

　だが、一九七〇年代初頭の建築家や建築批評家たちは、小資本の商業、本来の商人《あきんど》に反システム的、非計画的な商売の本質、店の本質を求めた。小能林は言う。「現代の建築家や都市計画家が、コミュニティというものを論じるのが好きだけれども、彼らが考えているコミュニティの感覚だとか、あるいは人間同士のコンタクトの関係というのは、実はそういった商いの場所にあるんだということに気がつかない。」

　佐々木宏は言う。「近所に行商が来たところに行って、丁丁発止のやりとりがある。あれが商いのほんとうのビビットな世界であり、またそこに繰り広げられる空間が都市生活、商業空間としておもしろいはずなんですけれども」。「そういう意味でのほんとうの商業空間が成りたつのは、非常に大事な政治的な問題と対決しなきゃいけない。その自由を何とか獲得していない限り、遊びだって自由にできない」。宮内「特に中小の商業というのは本質的にアナーキーなものでしょう。」（『商店建築』一九七二年12月号前掲）

このように商業建築は、公共建築、近代巨大建築、計画、政治、エスタブリッシュメント、つまりおよそ保守的なものと対決し、それらを批評し、乗り越えるべきヴィヴィッドでアナーキーなものとして位置づけられていた。

そしてそういう思想の流れの中からこそパルコは出てきたのだと私はあらためて実感する。それは、私が入社面接で苦し紛れにいった、パルコは露店だという感覚ともつながる。パルコは高度消費社会の先兵であると同時に、実はそれ以上に、望月が占い師について言ったような「近代都市にとって一つの違和感」ではなかったか？

西新宿のオフィスビル群を近代都市と呼ぶなら、渋谷公園通り周辺は決して近代的ではない。あえていえば中世的である。西武劇場（現パルコ劇場）を含むファッションビルであるパルコ、教会、その地下にあるアングラ的な劇場ジァンジァン、曲がった急な階段を上るスペイン坂、ライブハウスのエッグマン、東武ホテル、高級マンションの渋谷ホームズ、ペンシルビルの中にあるファッションから中古レコード店にいたる各種の専門店、ファストフードから焼け跡的なホルモン屋までを含む各種の飲食店、少し裏にはラブホテル、坂を登り切ったところには渋谷区役所と渋谷公会堂……。そういう多様性を持ったストリートである公園通り周辺は、住居、商業、業務、工業などの機能を分化させる近代都市計画とは反対である。東京が近代都市に生まれ変わろうとしていた時代に、それは逆の動き、反システム的な動きだったのではないか。

都市、公共空間における商業の可能性の追求

七〇年代初頭は、工業化、都市化が多くの公害、交通事故などをもたらしたことへの反省が拡大した時代でもあった。そのため当時は「人間性の復権」が各所で叫ばれる時代だった。そうした流れの中で、商業建築こそが、人間らしい建築であり、そこから人間性を復権した都市が生まれるのだと主張されるようにもなっていった。

安藤忠雄[*4]は書いている。「70年代にはいり、都市問題は、新たな局面を迎えたといわれている。それは、大気汚染、日照問題、エネルギー危機等に代表されるような、人間の生存をおびやかす人間の生態問題として顕在化してきた。」「都市とは、従来、人間が人間たらんと欲した場合、彼らの要求を育てはぐくむ母胎であった。それは封建制に対する自由の砦であった」。「都市とは、人間に人間であるという自我を目覚めさせた場にほかならない。ところが、近代以降の世界の都市空間は、急速な発展に耐えかねて、もはや、窒息寸前である。つまり、人間以外の新たな力が、この都市を苦しめ、瀕死の状態におとしいれているのだ。その力は、GNP至上主義で知られる高能率な生産

性と、利益追求以外を考慮に入れない資本の論理である。この論理により構築された都市のどこに、われわれ人間は自らの場を見い出しうるだろうか。」「そこには、われわれ人間に、うったえかけてくる生きた空間はないといっていい。」(安藤忠雄「ヨーロッパ諸国にたずねる商業空間の原点」『商店建築』一九七四年12月号)

商業建築の立場から資本主義を批判するとはおかしな話である。しかし重工業主体で近代工業化を果たし、かつその矛盾を露呈していた七〇年代にあっては、商業、特に中小の小売業というものが、人間的な肌触りのある世界として、人間性を回復させることのできるビジネスとして見なされたのである。

しかし「資本の論理にのみ裏づけられた合理主義による商業空間づくりには、投資効率、所有、管理方式等を矛盾なく解決することに終始したため、画一的なものになってしまった」と安藤は嘆く。「今日の商店街は、人々が集まり、語らい、そぞろ歩き、無目的にウインドー・ショッピングを楽しんだりする空間ではなく、あらかじめ予定した、行動を規定した『買物』のみを目的とした人々のための商業機能があるだけである。」「われわれは、今後、このような『界隈空間』を都市に生み出し、定着させ、都市を再び我々人間の手に、戻さねばならない。」と安藤は言う(同)。まるで巨大ショッピングモールや箱化する都市を批判する私の文章のようだ!

そして安藤は、ミラノのガレリア、モスクワの国営百貨店、モロッコのバザールを視察し、これらは「画一的な今日の、商業空間と比べて、非常に、個性的かつ人間的であり、その都市の歩んできた歴史を感じさせると共に」「資本の論理により構築されたものでなく、まず第1に、人間が在り、人々の生活を基盤とした空間があり、そこにいわゆる界隈性と呼ばれるような多様な意味を、付加することができるような、店舗がとりついたというふうな形で、商業空間が構成されている」のであり、日本でも「今後、建設される商業空間は、見せかけの豪華さや、疑似文化により、ただ、購買欲をそそるように形成するのみではなく、広く、都市的視点に立ち、人間のための、本当の空間を優先させたものとして、造らなければならない。」と述べている（同）。

だが公共建築に比して商業建築の地位は低い。安藤は言っている。「商業建築は、正統派建築に押しやられ、常に論議の対象外にされている。しかし商業建築を論じることは、都市や建築の問題を論じるのと同様である。設計とは現実認識により新しいシステムの発見をするというよりも、世界的スケールまで拡がった生活の中より、未来的イメージの提案の可能なシステムを、いかに挿入していくかということを見つけだす作業である。それが公共的建築であろうと、商業建築であろうと別段区別をする必要はなく、公共建築も、商業建築においても空間として人間の生活にかかわり合うことにおいての存在価値は等価で、むしろ商業建築の方がその媒体性によって、従来の建築よりも格別の情報量をもっていることは公理。情報が都市の中でいかなる作用をしているかを考えれば、それは明確で、商業建築の社会的責任を考えた時、そのウエートは大きくなるであろう。」（『商店建築』一九七三年1月号、「発想の転換＝もうひとつの建築は可能か　1973年　かれらは何を創るか　21人のデザイナーたち」）。

商業建築は公共建築ではない。しかし商業建築は、公共建築的なシステムに対する反システム的な建築であるだけでなく、「未来的イメージ」を「提案」できる「システムを」「挿入」するものであり、かつむしろ公共建築よりも「人間の生活にかかわり合うこと」によって「格別の情報量」を持っているのだから、商業建築こそが、公共性、社会的責任を担おうと言っているのである。

　宮脇檀も書いている。「空間を創り出すという立場においてそこが商業空間であろうと、住宅であろうと、インテリアであろうと都市の外部空間であろうと創る意識が変る訳ではないのだ。」「店舗がなぜ店舗建築という特殊のジャンル視され、その専門の設計手法があるというのだろう。公共建築だけ設計する建築家だけがなぜスターであるのだろう。空間とは使用する人間の意識の投影以外の何物でも無くその意味では人間そのものなのだ。人間であるとするならば公共建築を使用する人間と、買物をする人間、サービスをする人間、受ける人間がそれぞれ別の人間であるかのようにジャンル別にすることの無意味さはただちに理解できる。つまりジャンル分けとは発注者の違いによりジャンル分けするという立場に立っている。」なのに「用途によってそれぞれ異なる設計方法があるように考えるのは使用する人間を主体として考えないで、発注者サイドで空間を考える」からだ。「その結果設計者はそれぞれの機関・企業・資本のお抱え的存在となり、その目的に沿った設計しか行ない得ない。本来空間を創る人間が持ち得ねばならないはずの自由性を失ない、才能を切り売《ママ》するタレントになり下ってしまう。」「一般大衆はその日常生活の中で商業空間を通過しないで」「生活をすることは不可能」だ。「立止まることも、腰を下すことも」「何か飲むか、たべない限りできないのだ。」「僕に言わせれば公共建築などはどうでも良いのだ。とくに戦後立派になった役所などというものはわれわれの生活にとって空気のようなものであって、その存在が意識されない程良いのだ。」「決して都市の核とかコミュニティの象徴などにはなり得ないものなのだから。」

「商業の空間こそが都市住民の生活の核であるにもかかわらず、施設がそう作られていないのは経営者・企業側の資本の論理がGNP偏重」だからだ。日本の店舗経営者たち「にとって一般大衆は〝かも〟でしかない。そして〝かも〟達はそれを知りながらもそのまき散らされたえさをついばまねばならない。これはまさに〝公害〟以外の何物でもない。」「僕はこの公害の加害者の側に加担したくない」。「それが空間を創る者の義務だ」（宮脇檀「商業空間論」『商店建築』一九七一年4月号）。まるで私の『新東京風景論』を読んでいるようだ！

コミュニティ再編の必要性の浮上

このように一九七〇年代初頭という時代は、霞が関ビル（六八年）以来の建築の大規模化、それに伴う都市の再開発による均質化、システム化が進み始めた時代であり、かつ、公害、交通事故といった都市問題が拡大し、人間性への脅威が広がり、都市への不信が芽生えた時代である。そのため、それらに対するアンチテーゼとして、路地空間や屋台的な店や小資本の商業建築が、人間的なものとして再評価された時代なのだ、と言えそうである。

他方、この時代は、都市化し個人化した社会において新しいコミュニティのあり方を考える必要が出てきた時代でもあった。

では企業はコミュニティを考えられるか。鉄鋼会社が、セメント会社が、石油コンビナート会社

図1-10　日本初の超高層ビル、霞が関ビル（手前。1968年完成）。1970年代初頭から、建築の大規模化が進んでいく。（毎日新聞社）

が、考えられるか、というと無理である。彼らは企業内のコミュニティしか考えられない。ビジネスを通じてコミュニティを考え、提案する必要性を持ったのは、消費者（生活者）に一番近い小売業だったのである。

コミュニティという言葉が、いわば「正式に」使われるようになったのは、少し意外だが、一九六九年九月に国民生活審議会調査部会コミュニティ問題小委員会が「コミュニティ――生活の場における人間性の回復」という報告書を発表したことに始まるという。委員は、委員長が千葉大学教授清水馨八郎、委員として東京女子大学教授伊藤善市、成蹊大学教授佐藤竺、専門委員として東洋大学助教授奥田道大、東京学芸大学助教授倉沢進、東京教育大学助教授安田三郎（横道清孝「日本における最近のコミュニティ政策」財団法人自治体国際化協会、政策研究大学院大学比較地方自治研究センター『アップ・ツー・デートな自治関係の動きに関する資料 No. 5』二〇〇九)。

中心は佐藤だったらしく「当時の若手の社会学者3人(倉沢、奥田、安田)に専門委員として補佐についてもらっ」たという。「欧米、特に米国の経験から学ぼう」、中でも「農業生産というものが軸でなくなったにも拘らず、都会においてなお地域連帯が生まれてくる」ということに関心をもったマッキーヴァーのコミュニティ概念に学ぼうとしていた。

同報告書によれば「われわれの生活は私的消費の面で毎年着実な向上を遂げて来たが、それによって生活内容が必ずしも自動的に豊かさを増すものでないことは明らかである」とし、「経済の高度成長や都市化の進展に伴い、従来の地域共同体が崩壊していく中で、新しいコミュニティの創造を訴えたもの」であり、そこでは「コミュニティ」を「生活の場において、市民としての自主性と責任を自覚した個人および家庭を構成主体として、地域性と各種の共通目標をもった、開放的でしかも構成員相互に信頼感のある集団」と定義した。そして「かつての地域共同体は『伝統型住民層』によって構成されていた」が「これが崩壊していく現代を第2段階とすれば、ここには圧倒的な『無関心型住民層』が生まれ出ることになった」。しかし「来たるべき第3段階においては、生活の充実を目標として目覚めた『市民型住民層』に支持をうけたコミュニティが成立しなければならない」という考え方が示された(横道清孝前掲論文、および国民生活審議会調査部会コミュニティ問題小委員会『コミュニティ——生活の場における人間性の回復』一九六九)。

これを受けて自治省は七一年に「コミュニティ(近隣社会)に関する対策要綱」を定め、各都道府県に通知し、七三年度までに全国に八三地区のモデル・コミュニティ地区を設置した。私が住む武蔵野市でもコミュニティセンター（通称コミセン）を市がつくり、運営は市民自身が行っているが、これもこのモデル・コミュニティ地区指定を受けたのが事業の最初である。

武蔵野市の長期計画策定委員会は、一九七〇年一〇月に発足した。策定時の委員会の現状認識は「現代の社会は目まぐるしく変貌し、人口も激しい流動状況にある。武蔵野市の人口も絶えず流動し、市民のかなりの部分を占める通勤・通学者は、武蔵野市にねぐらをもつのみという状態にあると言っても、言いすぎではない。人間関係も互いにつながりを持たず、潤いのない生活を過ごしがちである。しかし誰もが、このような状況を解きほぐす糸口を見付けられないでいる。この意味でわたしたちは、毎日の生活の拠り所となるべき『ふるさと』を地理的にも精神的にも失っている」というものだった。

したがって「『緑と太陽と公共空間のみちみちた現代の「ふるさと」を創り出す』」「ことが今日の武蔵野市政の新しい課題」とされ、それは「市民の自治活動と市長、市議会、市行政機構による民主的、科学的行政との結合によって」解決されるとされ、コミュニティセンターが「市民が新しいふるさと武蔵野市の豊かな町づくりを進めるための基本的施設」であると位置づけられ、市民参加による民主主義の実現が望ましいという政治的方向性が示された（高田昭彦「武蔵野市のコミュニティ政策（基盤整備期）――「コミュニティ構想」に込められた想い」成蹊大学文学部紀要50号、二〇一五）。

また一九七三年（昭和四八年）多摩市第一次総合計画では、コミュニティ行政を主要施策として位置づけた。当時多摩市民の三分の二は、多摩ニュータウンの大量入居などで新しく転入してきた人々であった。急激に宅地化した多摩市は、人々が楽しく安全に過ごせる施設の整備がおくれており、当然、人々の地域に対する愛着の度合いは薄く、ましてや多様化・広域化した社会では近隣社会に対する関心を失いかけていた。そこで、総合計画の未来都市像として「太陽と緑に映える都市」を掲げ、「社会連帯感に支えられ、住民意識の高まりを土台とする新しい地域社会の誕生」を目指した（http://www.u-sakuragaoka.gr.jp/u-sakuragaoka/kihon/kinennshi/01yoake.htm）。

おそらく、千里、多摩などの大規模ニュータウン、高島平などの大規模団地の時代を前にして、行政としても新しいコミュニティづくりの必要性を感じた時代なのであろう。

人間と都市の復権と商業施設

このように、国、自治体がコミュニティを重視しはじめた。市民、消費者も、大都市、郊外に住む人が増え、また子供をもうけたことで、地縁血縁ではないコミュニティを必要と思う人が出てきた。

しかし行政のつくったコミュニティ、広場に人は集まらなかった。人は商業施設に集まった。再び宮脇を引用すると「都市の核という考え方がある。どちらかといえば前近代的な中世的な都市にあって、中央に広場がありそれに付属して市庁舎や公会堂、教会といった公共施設があり、都市の人びとはそこを中心として集まり、流れ、広がっているという」イメージである。ＣＩＡＭ（近代建築国際会議）が「第2次大戦後ヨーロッパの復興計画に際しコミュニティの再建を意図した時、やはりこうした中世的な核を考えてしまったあたりから話がすこしおかしくなってくる。たしかに中世の都市の核である広場は生きていた。」しかし「いま、市民たちが役所や公共の施設を考える時、この中世の意識を求めるほうが無理」である。「なのに建築家たちも、役人たちも、こうした公共施設を作るたびに」「都市の核を作る」といって「広場がつくられ木が植えられ、池が作られる。」だが「それを誰かが楽しんで使っているのを見たことがあるか。そこでデートの待合わせをしたことがある人はいるか。空虚な名前ばかりの市民センターはほとんどこうしたものばかりである。」しかし「一方の街の盛り場には人が群れている。」「〝市民意識の目ざめが無いので〟と役人や建築家はいう。……〝本当は集るべきなのです〟とおっしゃる。」だがそれでは「べき計画」にすぎない。

「今街に住む者にとって、心が開放されるのはやはりショッピングしか無い」のだが、「都市に投下される資本の巨大さ」にもかかわらず「その内の膨大な部分をしめる商業施設」が「何の都市的・建築的なイメージの無いまま放置されている」。「建築家たちが商業施設の建築を低くみる傾向」は非難されるべきだと宮脇は批判する。「楽しむという要素」があり「選択的なショッピング」ができないと「都市の核」は形成されないとし、表参道、千駄ヶ谷、横浜、神戸の元町、赤坂東急ホテルの二階のプロムナードに、ヒューマンスケール、歩けるスケールの街ができてきたことを評価する。中でも槇文彦の代官山ヒルサイドテラスの「設計は選択ショッピングの楽しさをじゅうぶんに意識して作られている。」「モール（遊歩道）的な外部空間の扱かいに関して、槇さんは日本の建築家の中で抜群のうまさを持っている人である。僕などが批判する余地はほとんどない。」と絶賛している（宮脇檀「選択ショッピングの代表的建物――建築家は商業施設を低くみてはならない」『商店建築』一九七〇年1月号）。

先ほど見たように、槇は、新宿が地価の非常に高い地域であるために、街づくりが効率主義になりつまらなくなることを危惧した。その槇が、長い時間をかけて代官山ヒルサイドテラスをつくりあげてきたことは尊敬に値する。

そしてヒルサイドテラスに代表されるように、一九七〇年代は、意欲的な商業施設が目白押しとなった。浜野安宏プロデュース、山下和正設計による青山フロムファースト（七五年）、浜野安宏プロデュース、安藤忠雄設計による神戸・山手ローズガーデン（七七年）、浜野安宏がコンセプトメイキングした東急ハンズの渋谷店（七九年。後述）、森ビルによるラフォーレ原宿（七八年）、黒川紀章設計の青山ベルコモンズ（七六年）、八〇年代に入っても浜野安宏プロデュースの六本木ＡＸＩＳ（八一年）、槇文彦設計のワコール・スパイラル（八五年）など。そしてもちろん渋谷公園通り・パルコ（PART1＝七三年、PART2＝七六年、PART3＝八一年）。

これらの中でも東急ハンズは特に人間性の復権をコンセプトにしたという意味でエポックメイキングである。「あらゆる文化は「手」によってつくられる。真の創造は最終的には「手」によってなされる。「手」を忘れることは文化の原点を忘れ、人間性を見失うことである。このプロジェクトは、「手」を通じて「新しい生活のあり様」を提案し、「文化」の本質的な復権を願って企てられたものである。」

図1-11（上）　浜野安宏プロデュースによる東急ハンズは、新しいライフスタイルを提案した。
図1-12（下）　1973年、パルコ渋谷店が開業。（ともに白根記念渋谷区郷土博物館・文学館）

手の重視は、一九六八年に創刊し、アップルのスティーブ・ジョブズにも多大な影響を与えたという『ホールアースカタログ』の思想の流れを汲んでいると言える。文明の利器に過度に依存せず、生活に必要なことで、自分でできることは自分でしようというＤＩＹの思想、禅に影響を受けた自然、宇宙との精神的つながり、それらの思想がハンズの背景にある。

「文化の復権という大義名分は、男のロマンティシズムを回復させ、文化的不毛の近代文明の胎内へ、もう一度男のロマンティシズムの血を環流させることにある。このプロジェクトは、男の文化の何たるかを明確にするものであり、そこから生まれた一軒の大型専門店は、男たちが「わくわくする」「一日中でもそこに居たい」という空間であり、売場でなければならない。」

「人びとは、自分の意識や肉体や生活の奥深くまで問いなおし、見なおし、やりなおし始めている。たとえまだ始めていなくても、そうしなければならないと感じ始めているし、ライフ・スタイルの自主的な見なおし、やりなおしこそが次の時代への唯一の手がかりである」。「積極的に新しいライフ・スタイルを提案し、推進していく作業は続けられなければならないが、商業の役割は人にも物にもそして街にも重要であり、大きいものがある。これからの店舗は、無駄でセンスの悪い装飾で大切な資源やエネルギーを消費すべきではない。陳腐な装飾合戦よりもまじめな代案を創りだすことこそ大切なのである。」（浜野商品研究所『コンセプト&ワーク』商店建築社、一九八一、一三六〜一三八頁）

「私たちは近代という時代が唯一絶対のものとしてきた仮説、「生産」という概念から出発してコンセプトを考えたこともなければ、働いてきたこともない。」したがって、生産の対立概念である

「「消費」という概念を捨て、「生活」とし、したがって「消費者」はいなくなって、「生活者」だけがいるといいつづけてきた。「製品」を忘れよう。「製品」というのは「生産」の側からの発想である。脱近代化《ポスト・モダン》を推進するデザインは製品を忘れて、生活の場で取引される「商品」の側に立たなければならなくなった。」（同書二四～二五頁）。

これは鉄鋼業や製造業から小売業へと、時代のイニシアチブがシフトしたことの宣言でもある。製造業が生産したいものをつくり、それを消費者に買わせる時代から、生活者が主体となってものを選ぶ時代、生活を創る時代への転換を浜野はその後も宣言し続けている（49ページ参照）。

他方、郊外においては、流通業は、団塊世代を中心とした消費者を追いかけて大型のショッピングセンターをつくるにあたり、行政との連携が不可欠となったこともあり、コミュニティ性を重視しなければならなくなった。住民へのサービスという意味でも「コミュニティのための施設」だけでなく「コミュニティをつくる施設」として、またそのため「アメニティ」を重視したショッピングセンターを計画しなければならなくなったのである。堺市などにつくられたダイエーショッパーズプラザ、京阪沿線のくずはモール、西武大津ショッピングセンターなどは、コミュニティづくりを内包した七〇年代の郊外型ショッピングセンターの代表例であろう。それらのショッピングセンターに限らず、ラフォーレ原宿でも、吉祥寺近鉄百貨店でも、高田馬場ビッグボックスでも、およそ商業施設においては、人々が人間らしく集い、自然にコミュニティが芽生えるための仕掛けとして広場が重視されるようになる（第2章南後論文参照）。そしてこうした流れの中から八五年のつかしんが誕生していくことになるのである（第3章藤村論文参照）。

注

＊1　消費社会論ブームは一九七九年のボードリヤール『消費社会の神話と構造』の翻訳に始まると言える。行政やマーケッター以外での主な消費論、消費社会論、あるいは欲望論としては以下のような本が一九八四年から八九年に出た。

林進・小川博司・吉井篤子『消費社会の広告と音楽――イメージ志向の感性文化』（有斐閣選書、一九八四）
星野克美『消費の記号論――文化の逆転現象を解く』（講談社現代新書、一九八五）
飽戸弘『消費文化論――新しいライフスタイルからの発想』（中央経済社、一九八五）
丸山圭三郎『欲望のウロボロス』（勁草書房、一九八五）
上野千鶴子『「私」探しゲーム――欲望私民社会論』（筑摩書房、一九八七）
犬田充『欲望社会――人にやさしい消費社会の到来』（中央経済社、一九八六）
田中直毅『手ざわりのメディアを求めて――消費社会の現在』（毎日新聞社、一九八六）
古田隆彦『「象徴」としての商品――記号消費を超えて』（TBSブリタニカ、一九八六）
斎藤精一郎『マス・マーケットの崩壊――消費社会の新しい胎動を読む』（PHP研究所、一九八六）
内田隆三『消費社会と権力』（岩波書店、一九八七）
大塚英志『物語消費論――「ビックリマン」の神話学』（新曜社、一九八九）

ただし、消費について毎日考えることが仕事だった私個人は、記号消費論にはどうもなじめなかった。どんな時代の消費にもある程度記号性があると思ったし、ボードリヤールの著書がフランスで出たのは一九七〇年と古いし、彼が記号消費の一例として挙げているのは一九四八年に発売されたシトロエン2CVなのだ。そんな古い話から八〇年代の東京、渋谷を語れるのかとも思っていた。

＊2　その後、望月はパルコの増田通二（当時同社専務）と対談してこう述べている。「公園通りの街づくりは一つの特異性をもつと同時に、これからの街というものにもかなり大きな示唆を与えているんじゃないかと思うんですよ。まわりと何の関係もなく巨大なビルをドンと置いてしまうんじゃなく、個々の施設をながめの構成要素として考えるということ。（中略）パルコという企業が参加して文化的に街にインベストし、ソフトウエアを投入しているということ。それが感性のリフレッシュというテーマをも含んでいることに注目したいですね」（『アクロス』一九八一年8月号「東京ニューシティ論渋谷の魅力」）

＊3　望月のような、街を見るプロには、パルコの持つ反システム的でアナーキーで人間くさい性格が直感できたが、当時の普通の評論家などには、パルコが西武資本であるというだけで非常にバイアスのかかった見方をされ、パルコもセゾン全体もシステム側の存在だと考えられた（そのような例として、菅孝行「渋谷パルコ・ロード　高度消費都市の前衛」〔『現代の眼』一九八三年3月号〕。柏木博『道具の政治学』〔冬樹社、一九八五〕。吉見俊哉『都市のドラマトゥルギー』〔弘文堂、一九八七〕）。西武が中小資本ではないという点で、そのような「誤解」「曲解」をされることは当然だが、反システムが反（大）資本とイコールであった七〇年代初頭までの言説を八〇年代半ばの評論家などがまだ踏襲していたということに彼らの限界があった。ただし、八七年に上場企業となったパルコには、そうした反システム的でアナーキーな性格を維持できるはずはなく、それまで持っていた魅力をその後のパルコはどんどん減衰させることとなったのである。

＊4　なぜだかわからないが、浜野安宏、望月照彦、安藤忠雄、また本稿とは無関係だが伊東豊雄はみな一九四一年生まれである。六〇年安保を一九歳で見たということが関係しているのだろうか。

浜野安宏氏インタビュー

一九六八年から都市と建築の未来を考える

聞き手：三浦 展・藤村龍至・南後由和

一九六八年、浜野安宏、アンダーグラウンドからオーバーグラウンドへ

三浦：浜野さんは、ずっと人を集めるとか、場所を作るという仕事をし続け、ライフスタイルを提案し続けてきていますけれど、そもそもそういうことを続けられてきた原動力というか、原点というのは何だったのですか。

――僕は映像作家になりたかったんだけど、大学を出た一九六四年当時の映画界は、テレビが出てきたために絶不況で、かといってテレビの中に映像作家としてどうしても入っていけなかった。自分はアングラでいいから、商売にならなくてもいいから、前衛的な映画を8ミリで撮っていたという時代やったんですよね（笑）。当時あったエロ映画関係の会社でアルバイトした人もいたけど、僕はそうではなくて、大学時代からファッションライターをしていて、婦人画報社の「メンズクラブ」のライターとしてデビューしていたし、デザインもいろんなメーカーに売り込んでいた。

当時はマーケティングも何もなくて、「マーケティングって調査のことですか？」って言

われていたくらいの時代だから、自分の服を売るには、店を持たなければならない。メーカーなんてないんですよ。メンズだったら、僕らの感覚で分かるのはＶＡＮくらいしかない。オンワードもあったけど、僕らにしたらセンスが悪くて。自分の提案するクリエイティブな服とか、ジーンズはボロボロにして着るのがいいとか、その頃から自分たちでやってはいたんだけど、そういうのを取り扱う店がないんですよ。だから自分で売る店を持たないと表現ができない。

一九六八年というのは僕にとって強烈な年で、六八年二月のはじめに、新宿にあった、ある冴えない洋服店を「僕が有名にしてやるから、この店をタダで貸せ」と押し切って貸してもらった。一階の内装は真っ赤に、二階は紫色にして、サイケデリック・ショップ「アップル」という店を作った。その時に「奇装族」というグループも結成して、金子國義やコシノジュンコとか、僕の友達を集めて新宿の駅前を練り歩いた。

当時は、「石を投げるより花を持とう」とか、「戦争するよりお洒落しよう」とか、そういうことを訴えたんだけど、それが世の中にどんどん広がっていった。

図1-13　赤坂にオープンしたゴーゴークラブ「MUGEN」。地下へ下る通路には、サイケデリックな装飾が凝らされている。（提供＝浜野総合研究所）

それから僕は赤坂に「MUGEN」というゴーゴークラブを作った。もともとファッションの表現なんだけど、「MUGEN」ではマルチメディアを使って躍らせて、「MUGEN」の二階には、うちの社員の堀切ミロというデザイナーにブティックを作らせたし、堀切ミロはそれをきっかけに日本のスタイリストの草分けになっていく。「アップル」と「MUGEN」がダブルになって、一気に僕は有名人になったんですね。それまでのファッションの浜野がサイケの浜野になって、文明批評家とか環境芸術家とかいう評価を得られた。

それからは、街づくりというか、百貨店をまるごとアドバイスするようになって、伊勢丹のアドバイザーを十何年引き受けたり、その縁で、伊勢丹の一番高い売り場（明治通りと新宿通りの角）に「サムシングエルス」という売り場を作ってもらって、「質素革命」のイベントを七一年にやったりした。

歩行者天国を全部止めてしまったり、朝から藍染の服を着た五、六〇人の若者が一緒に掃除をしたんですね。壇上で藍染の旗を振って、壇上ではジョン・レノンの「マザー」を生バンドに演奏させて、「みんな俺の話を聞け！　この地球にどんな旗もいらない、この旗がひとつあればいいんだ」といって、「地球の日」と名付けたり……。それもファッションなんだと、ファッションのひとつの表現なんだという考えで僕はやっていた。すると、周囲は「これは何なんだ？」ということになる。こうして六八年は、僕自身が次第に注目を集め出して、アンダーグラウンドからオーバーグラウンドに出てきた年になったんですね。

二〇一四年に僕は「さかなかみ」という映画を発表したけれど、その映画は、環境問題をマニフェストしているものだと思われたから、アメリカの環境映画フェスティバルとかから、たくさん招待されている。サンフランシスコで上映したり、バークレーで上映したり、向うで評判いいですよ。本当はずっと映画がやりたくて生きてきたから、今までの人生は、この映画のための長い長いロケハンのようなものだね（笑）。今はもう二作目「カーラヌカン」をＧＡＣＫＴ主演で吉本興業とタッグを組んで創っています。

量産社会がつまらなくなって、インディペンデントでオーガニックでハンドメイドでヒューマンスケールなものをみんなが求め始めた

三浦：ダメージジーンズを穿《は》いたり、売れない店を売れる店に変えたりとか、この二〇年くらいに若い人がやっていることと似ているなあと思うんですけど、浜野さんが切り開いてきたものが広がってきたという面もありますよね。

――影響力という面でいうとね。

最近サードウェーブっていうでしょ。それは、量産社会やオーバーグラウンドに組み込まれてつまらなくなったものを、もう一度、インディペンデントでオーガニックでハンドメイドでヒューマンスケールなものに引き戻してみるということだと思う。僕がやってきたことも、一周回って、今の時代に受け入れられるものになったのかなと思う。僕がやってきたのは、社会が豊かになる前のアヴァンギャルドですよね。いまは、ある程度満たされた後のアヴァンギャルド。

アメリカはいま金をどこに使ったらいいか探している。そういうときに、ちょうど「ブルーボトル」のコーヒーとか、「エースホテル」とか、オレゴンで沸き起こったムーブメントが目についた。要するに六八年と似たような状況になりつつある。六八年はもっとサイケデリックでアヴァンギャルドだけど、いまは背景が豊かだから、それがスマートな形になって出てきている。じんわりと手づくりのムーブメントもやれるし、それに共感する人もすんなり受け入れるという。マスコミはいらなくて、それがSNSで伝播していく。

僕がやったような店は、デザインのサンプルにはならないけど、いまのサードウェーブの行動の素はあの辺にあって、いっぱいネタはあると思いますよ。あの頃、僕らが播いてた種がいま咲いたみたいな。

南後：私は社会学をやっていまして、七〇年代から八〇年代にかけての渋谷については、社会学系都市論だと、パルコやセゾンが中心に書かれてきました。浜野さんからみると、堤清二さんや増田通二さんは一五歳ほど年上ですけど、六八年に渋谷西武がオープンし、七三年にパルコがオープンした当時、浜野さんの考えるファッションや都市と、セゾンとの違いをどう見られていたのでしょうか。

——僕はセゾンと一緒に仕事をしたことはないんだけど、ただ渋谷西武の地下にアヴァンギャルドな店があって、三島彰という人が当時の担当部長だった。そこで私たちの変わった新しいファッションを売らしてもらったり、イベントをやらせてもらったりした。あるいは、和田繁明がメンズの部長だった頃にメンズのフロアを全部やり直したりと、一緒にやったことはあるんだけど、ちょうどハコの中で何かをやるということに僕が興味がなくなってきた頃だったんですよね。やっぱり街で何かをやりたいという。

六八年に「アップル」を作ったり、二〇〇日間だけの店 200 days trip shop「銀」を作ったりした時に、「自分はこういう風に生きるぞ」という宣言をしているから。そういうこともあって、ハコの中の仕事というのは僕のところにこなかったのかもしれない。

南後：その後、浜野さんは「道」や「界隈」という言葉を強調されるようになりました。パルコも「公園通り」や「スペイン坂」を作っていて、一見同じことをしているようにも映るのですが、浜野さんとしては違いを意識されていたのでしょうか。

——「公園通り」にしても「スペイン坂」にしても、ミーハーな気がするんですよ……。やっぱり百貨店がやっているものという気がして。私としてはあまり興味がなかったですね。「サムシングエルス」で伊勢丹を掻き回したくらいが、百貨店を使って何かができると信じていたギリギリの時期ですね。

それ以降、百貨店というのは、どんどん老化して体制的になっていくんですよ。ブランドを取り込んで、要するに「きれいな箱にブランドを詰め込む」というスタイルへと転換していく。その中間点にパルコはあると思いますね。プロモーションに石岡瑛子さんを起用したり、そうそうたるメンバーを起用して、新しい色付けをさせられていたように思いますね。ただ、百貨店は内側ではどんどん病んでいるんですよ。というのは、自分でリスクを取らないから。自分で何もできなくなっていく。その最悪の結末が、三越伊勢丹が二〇一一年に進出した梅田キタの失敗ですよね。目標額の半分も売れなくて、たちまち撤退したという。天下の伊勢丹と三越が組んで、あんなものしかできない。それは日本の百貨店の悲劇の結末ですよね。ただ、そういう危機感を常々持っていたからこそ、西武はあの時代に頑張れたんだと思うんです。

個人的には、渋谷が一番面白かったのは、恋文横丁があって、百貨店があって、道玄坂や裏通りの円山町が元気だった時代。あの時期、僕は円山町に Q-AX という映画館を作った。いまは TSUTAYA に出資してもらっていて、僕が手掛けたときにはすでに映画学校に売られてたけど、まだ二軒映画館が残ってます。ユーロスペースとオーディトリウム渋谷と。下にカフェもあって。あれは僕もまだ思い残すところがあるけれど……、ただ不動産価値は上がったから、TSUTAYA は損はしてないと思いますよ。ラブホテル街がちょっと格好良くなって、いい商売になっていると思います。

東急ハンズのマークは、お釈迦さんの手なんです

南後：渋谷だと、一九九九年の Q-FRONT のプロデュースに関わられていますが、東急とのつきあいは、ハンズからですか。

——そうですね。ハンズ以前から、東急百貨店の札幌東急で少しお手伝いをしていた。札幌の上客の方々、高額所得者たちを札幌三越から東急に奪い取るという戦略を練る仕事で、そのときの東急の担当だった人がその後、会長になりました。

札幌東急はすごく成功したんですよ。それで、その時の資金があったので、札幌東急が渋谷駅前の峰岸ビルを買ったんです。それがQ-FRONTになった。

東急ハンズを作ったのは、五島昇さんが構想していた環太平洋政策でのつきあいからです。絶不況の時に、これから不動産業はどこに向かっていけばいいかということを「浜野に聞いてみよう」となった。東急ハンズを作ったのは私だし、名前も私が考えた。

東急不動産は鉄道を敷いて、周辺の不動産を売った。鉄道と住宅が主だった。「何か大切なことを忘れていませんか?」と僕は五島さんに言ったんです。不動産業が不況になるのは「楽しい生活のしかた」を売っていないからだ、と。「クリエイティブな生活」を売ろうじゃないか、と。

そのとき、五島さんに言ったのは、「百貨店マンは腐ってるから、百貨店から人を入れたら失敗します」と。それは伊勢丹三越がダメになるのと同じなんですけど、自分の責任で仕事をしないから。当時、その悪の頂点にいたのが、岡田茂・竹久みちコンビ。だから、私も言いやすかった(笑)。

東急ハンズの場合は、不動産の人間を小売業をやれるように新しく教育した。あれは東急不動産一〇〇%の会社ですから。そこをみな間違えるんです。今の東急ハンズはまた百貨店みたいになっていますが、その分、店舗は広げられるだろうから難しいところだね。危機感は感じています。

東急ハンズのマークっていうのは、お釈迦さんの手なんです。お釈迦さんの最後のメッセージというのは、言葉じゃなくて花なんです。だからお花祭りとか、仏壇に花を供えたりとかするでしょう。お釈迦さんが花をそっと手で持った、そして笑った。つまり花が花以外の重要なコンセプトとして生まれ変わった瞬間というのは手なんですね。マインドフルがないと、花は花でしかない。お釈迦さんがある意図をもって手を添えたというのが大事なんですね。

ものを作るのは手だ、手を使って、CREATIVE LIFE STORE にするんだ、と。そこら辺のコンセプトまでは大体、五島昇さんが判断したんです。

売るものも、どこにでもあるタワシじゃなくて、選び抜かれたタワシがいいよねとか、ハンズが売るほうきはこれだ、とか。ものすごく大きな部屋にハンズ的な商品と、ハンズ以外の商品とを分けてみた。なるほど、よく分かるけど、大分お金がかかるなあ、と思った。そのとき「何十億円か損するつもりでやってみろ」と五島さんが言わなかったら、ハンズはできなかった。そんな覚悟を持てたのは、手の復権というか、お釈迦さまの手というコンセプトに揺らぎがなかったからだと思います。

南後：浜野さんの著書『ファッション化社会』（ビジネス社、一九七〇）や『質素革命』（ビジネス社、一九七一）では、ヒッピーやコミューンという言葉をよく使われています。浜野さんが日大とセツモードセミナーを卒業されたのは六七年で、日大は全共闘も盛んでしたが、そういった党派的な集まりに対してはどのような立場だったのでしょうか。

――そういう点ではノンポリを通したんですよ。右やら左やらのイデオロギーには関わらず、人間を考えていこうという立場でした。

南後：浜野さんがファッションを通して「○○族」というトライブを作っていくのは、個人と集団および社会との関係に対して、何らかの思想があったのでしょうか。六〇年代の状況を見つつ、七〇年代にどういう動きを作り出そうとしていたのでしょうか。

――自分が七一年に『質素革命』を書いた時に、ライフスタイルという言葉を使いだしているんですよ。自分のライフスタイルを変えることが革命だと。だからイデオロギーじゃないんだと、毎日の生活を納得できるようにするんだということを当時は言っていて。当時の僕は結婚まで変えちゃって、青山の何もない部屋に、ちゃぶ台ひとつで生活してた。イデオロギーとは遠いところにいたような気がしますね。

南後：浜野さんにとっての消費というのは、物を所有することではなく、いまでいうシェアの先取りのようなものだったんでしょうか。

――先取ってたというか、自分が納得するようにやっていた。たとえば自然にしたいと思ったら、そういうものを着てみるとか。肌触りが柔らかかったり、優しかったりするものを着たりとか。食べ物もマクロビオティックの方向に行ったのは、玄米で生活するということが、一番分かりやすかったからなんですよね。

オフィスビル、商業ビル、住宅、すべて一緒くたにしようとした

藤村：私は建築家として、時代の変遷とともに、建築家が求められる役割がどう変わったかということを考えているんですが、七〇年までは丹下健三のような「官僚組織と計画をする」人たちが求められ、八〇年代は「街をつくる、フィクションを作る」ことが建築に求められた。そして九五年以降になると「合理性や即物的なコントロールに重きを置く」など、建築家に求められる役割も変わっていると思うんですが、浜野さんが山下和正さんとか、安藤忠雄さんとか、北山恒さんといろいろお仕事をされてきた中で、建築家に求めることも変わってきたのでしょうか。

――まず、私の場合、「しょうがないから建築家と付き合わざるを得ない」というスタンス。本当はあまり付き合いたくない人たちなんですよ。それで、一番初めは七〇年にFROM1st《フロムファースト》をつくるんですが、あれ、できるだけ日本の建築風土に染まっていない人がいないかということで、ロンドンから帰ったばかりの山下和正くんに、まったく知人でもなんでもないのに電話をして、こういう仕事をやってくれますかとお願いをした。

FROM1stで一〇〇%自分の考えでやれたのは何でかというと、まず建築家の前にクライアントに理由があるんですね。クライアントが太平洋炭鉱なんです。太平洋炭鉱まで僕が仕事を探しに行かなければならなかった時代（笑）。あれは要するに、オフィスビルはオフィスビル、商業ビルは商業ビル、住宅は住宅とそれぞれが分かれていた時に、すべて一緒くた

にしようとしたビルなんです。「Work, Live with Joy」をコンセプトにした革命的なビル。クリエイターたちの新しい根城を作ろうと。そこで寝泊まりして仕事もして。働いて楽しい、遊んで楽しい、寝て快適な場所を探そうということで、青山で探したけどなかなか見つからなくて、結果、あそこにした。

藤村：というと、建築界への要求というのはあってないものというか……。

——日本の変な癖がついていない人ということで、山下和正さんに頼んだけど、あの人はマッシブな、わりと建築家が挑みそうなものを作ってきたんですよ。それをそうじゃないと、中から考えていこうと。中はメゾネット式にして、中庭があってとか、中側からせめていったら、外はあの形になっていったんですよ。山下さんはかなり辛抱強くお付き合いいただいた。少し中に入ってから半地下を上っていくとか、そういうのは私たちがお願いしたことです。ちょうど後ろの通路につながっていくようにすると、こっちから見上げるとこう見えてほしいとか。

いまはそんなに面倒くさいこと言わないですけど、当時は新しい生活文化を作りたいという気持ちがあったし、完成したら自分もここに住みたかったし。ところが七三年にオイル・ショックが起こって、途中で建築を変えざるを得なかった。クリエイターズ・ヴィレッジのつもりだったのに、もう少し金持ちのヴィレッジに変えなきゃいけなくなった（笑）。それで三宅一生がパリから帰ってきていたから、こいつだったら借りてくれるだろうと、上のペントハウスを全部、三宅一生に借りてもらった。コムデギャルソンはまだ出始めだったから、二階でいいですかとか、建物と一緒にテナントも考えていったんですよ。ライフスタイルを実現するためには、プランナーが最後までやらないといかんね。それをやるためには建築家が邪魔者なんです（笑）。こちらの欲求を妨げようとするからね。

山下さんはロンドンから帰ってきて、自分なりにやりたい建築があったと思うんだけど、最初の案をやっつけてしまって、その後に出てきたものが素晴らしいものだったから、だからあのビルも長持ちしてるんだと思いますけどね。

ただ表参道そのものじゃなくて、あの少し引っ込んだ場所にしたのは、表参道のど真ん中だと、どうしても情報が集まりすぎてごちゃごちゃになる。あの場所だったら、もうすこしまとまった仕事ができるんじゃないかと考えた。そして周辺にも影響を及ぼすことができる。実際、雰囲気もいいものができた。あの並木も、当時私が都議会議員に頼んで、アカシアを植えてもらった。あそこらへんには一軒のブティックもなかったから、一般企業の人は、あそこに何かを建てるなんて、誰も乗り気ではなかった。

街への作法がなくなったら建築家は終わりだ

南後：安藤忠雄さんとは、七〇年代後半から八〇年代にかけての神戸北野町プロジェクトから長いお付き合いがありますね。先年の東急東横線・東京メトロ副都心線渋谷駅のデザインについて批判されていましたが、いつごろから距離ができたのでしょうか。

――表参道ヒルズで完全に対立してしまった。それまでは手紙も来ていたし。ただ、FROM1st から表参道に関わってきた身としては、表参道ヒルズは絶対許せないから。でもそれが安藤は分からない。分からなくなってしまった最大の原因は、東大の鈴木博之（故人）だと思いますよ。鈴木博之が安藤を東大の名誉教授にしたころから、彼の性格は変わっていった。たとえばキャットストリートにしても、「裏向き」になっていたものをせっかく「表向き」に変えていっているのに、表参道ヒルズみたいな「裏向き」のビルを建てるバカがどこにいますか？　あの頃になると、平気でそういうことをするようになった。

街づくりをしている人たちに対してお尻を向けるというのは何事かと思いますけど……。街への作法がなくなったら建築家は終わりだと思うんですよ。表参道ヒルズの二八〇メートルのファサードを一人の建築家がやること自体が無作法なんです。あの街はせいぜい大きくて黒川紀章さんの看護協会ビルくらい、あるいはグッチの入っている三菱のビルくらいまでが限度で、みんながそれなりの個性を発揮しながら、まわりに合わせてはみ出たことをしすぎないようにやってるときにですよ、反対側で、俺は二八〇メートルだぞという顔を突き立ててくる奴がどこにいるのかと。安藤は東大の赤門から続く福武ホールも設計したのですがコンクリートの壁がキャンパスを破壊した。

表参道ヒルズは、設計を五人くらいで分割しろということを森ビルの森稔にも言っていたんですけどね。もちろん森ビルが安藤に頼む理由もあって、隣接する小学校に、再開発のことを納得させるためには、安藤の知名度が必要だったということなんだろうけど、結果、うまく行かなかった。

三浦：キャットストリートとか、Q-FRONTとか、渋谷・青山中心にいろんなしかけをされてきたんだけど、これからまた渋谷にぼんぼんビルが建つとか、浜野さんの思い通りになっていない面もあるんじゃないですか？

――そうだね。このつまらなさっていうのはね、絶望的なつまらなさなんですよ。私がいま執筆中の『現代都市の喪失と消失』という本があるんですけど、ここでは、東大の工学部、都市工学のやつらを名指しで批判している。危ない本なんですよ（笑）。渋谷駅を作ったのは東大の工学部建築科の人たちなんです。渋谷駅はめちゃくちゃになりますよ。でも、これを言うと東急が嫌がるから、東急は私のところにまったく相談に来ません。渋谷はもうどうしようもなくなって、結果、品川駅のようになると思った方が良いですよ。品川・大崎のようになるでしょう。

僕が若いときに原宿には、セントラルアパートと第一生命アパートしかなかった。第一生命アパートは家賃がめちゃくちゃ高かったけど、貧乏なのに部屋を借りて、浜野商品研究所のもとになる「造像団」を作ったんです。「造像団」のメンバーの一人が丹下研にいて、僕も丹下研で粘土モザイクをつくる手伝いをしていた。丹下さんが代々木の体育館を作る時に、先生が夜遅く丹下研に帰ってきて、「おい、みんな寿司食わしてやるから、行こう」と言い出して、ぞろぞろとみんなで付いていった。その時作ってた粘土モザイクはなんだか富士山みたいなもので、なんだこれと思ってはいたんだけど、丹下さんがその時、おしぼりでこうやったんですよ（ひねりながら持ち上げる様子）、ぎゅーっとつまんで、ねじって、代々木体育館の形にしたんです。私は現場に居合わせたんですよ。それはとても大事なことで、そんな風にして建築が創造されるというのは、今はもうないでしょう。今は法規や何やらに合うように図面を弟子たちが割り出していって、「先生、最後はどうしましょう」「一筆どうぞ」みたいな感じに作るから。

たとえば、安藤忠雄だったら、コンクリート打ちっぱなしで、摺りガラスに格子という図面を弟子たちが作って、そのあと「先生らしさを、どう出しますか？」みたいな。だけど、丹下さんの凄いところは、代々木体育館の時のように、最後になるまでそうやって自分で創造していたんですよね。そういうタイプの建築家の最後の方の人じゃないですかね。

いま、シンボリックなことをやる建築家は、シンボリックだとしても、「この人はこういうパターンだ」というのが弟子たちに行き渡っていて、その組み合わせに過ぎないという問題があるんですよね。

それと、もっと問題なのは、現代都市というものは、人間の欲望を解放したと思うんですけど、欲望を解放しておきながら、欲望を満足させることを忘れてきた。どんどん人間をフリーで豊かにしておきながら、やりたいことをさせていない。それでますます自己運動していく。

都市は人間を欠乏充足型から欲望充足型に変えて、変えたまま、さらにそれをやり続けているんですよ。やり続けたって、人間はとっくに解放されているんだから。彼らはもっと面白いことがやりたい、欲望を発散したいと思ってるのに、都市がその受け皿になっていない。建物はどんどん上に上げて容積が大きくなっていくけれど、人口は二〇五〇年になったら九五〇〇万人になる。それじゃあ、どうしてそんなに容積がいるのか。自己運動で「容積！容積！　容積！　容積！」となっているだけ。実におそろしいことが行なわれている。駅にしたって、一、二階建てくらいがちょうどいい。グランドレベルが大切だということを忘れてしまっている。

たとえば、渋谷駅の外に出たら、ヒカリエがドカーンとそびえたっていて、道はヒカリエの影になって、いつも暗くてつまらないものになってしまっている。あんなにつまらない建築は世の中にはないですよね。つまり、面白い建築をつくろうとしていない。人々を愉しませようとしていない。いかに人を合理的に、建物から外へ動かそうということしか考えていない。なぜそれがそんなに重要なのかと思うんですよ。

若い人はもっとそれに文句を言わなきゃいけないと思いますよ。お前ら、面白くなくなっていくじゃないかと。それがないから、結局 iPhone だけを眺めて、街を通過点としか思わなくなっていく。ご老人にいたっては、渋谷に来て「ここはどこでしょう。私はどこに行けばいいんでしょう」って人がたくさんいますよ。僕は何人道案内したかわからない（笑）。でも、それが内藤廣がやったことであり、安藤忠雄がやったことでしょう。それは、どこかで一回ぶった切らないといけない。

ニューヨークのグランドセントラルは平面交差だけど、何も問題が起こっていないじゃないですか。42st にしても、すこしジェントリフィケーションが行なわれたけれども、それなりに楽しく再生されている。なんで日本だけ、いつまでも鉄腕アトムに描かれた夢の未来都市を目標にしているのか分からない。多くの人は「もうそれはいい。都市文明の夢はいいから、次に行かせてくれ」と言っているのに、建築家たちは耳を傾けないんだね。

（二〇一五年、東京にて）

■浜野安宏（はまの・やすひろ） ライフスタイル・プロデューサー

一九四一年、京都生まれ。日本大学藝術学部映画学科演出コース卒業。株式会社浜野総合研究所代表取締役社長。特定非営利活動法人 渋谷・青山景観整備機構（SALF）専務理事。中国人民大学名誉客員教授。

FROM1st、東急ハンズ、AXIS、Q-FRONT、Q-AX、青山 AO などを総合プロデュース。また、神戸ファッションタウン、横浜みなとみらい都市デザイン委員など、多くの公的活動も歴任する。現在も渋谷、青山を拠点にアジアへの活動を拡げている。

著書に『ファッション化社会』『質素革命』『浜野商品研究所コンセプト&ワーク』『人があつまる ストリート派宣言』『生活地へ――幸せのまちづくり』『はたらき方の革命』ほか多数。

第2章

商業施設に埋蔵された「日本的広場」の行方

新宿西口地下広場から渋谷スクランブル交差点まで

◆

南後由和

商業施設の広場「前夜」

大規模な商業施設には、なぜか決まって「広場」がある。たとえばショッピングモールで日本最大の店舗面積を誇る越谷のイオンレイクタウン（二〇〇八）には、「翼の広場」「光の広場」「時の広場」などの広場がいくつもある。東急プラザ表参道原宿（二〇一二）には、明治通りと表参道の交差点という一等地に立地する商業施設にもかかわらず、樹木が生い茂った「おもはらの森」という無料で入れる屋上広場（庭園）がある。そこでは階段にも椅子にもテーブルにもなる段差を活かして、人びとが話をしたり、飲食や居眠りなどをしている光景が広がっている。[*1] また近年、デパートの屋上が、都心で親子連れの子どもが安心して自由に遊べる場所を提供すべく、遊園地から広場へとどんどん様変わりしている。このような商業施設に見られる広場とは、いつ頃から、どのような経緯でつくられるようになったのだろうか。商業施設に広場がつくられるようになる「前夜」には、どんなことが起きていたのだろうか。

私は以前、日本におけるショッピングセンター（以下、SC）やショッピングモールなどの商業施設の変遷について、「モール」（商業施設内の通路や遊歩道）という切り口から論じたことがある。[*2] そこで今回は、商業施設と広場の関わりについて考えることをフックとして、日本の都市、とくに東京における広場のあり方にも議論を展開してみたい。

一九六〇年代後半の「政治の季節」と一九七〇年の大阪万博を経て、その後、日本の都市における広場とは、商業施設によってさまざまな形で変奏されることになったのではないか。これが本章の基底を流れる問題意識である。

そこで本章の前半では、まず西欧的広場とは異なる「日本的広場」の特徴を抽出する。そのうえで、一九六九年の「新宿西口地下広場」と大阪万博の「お祭り広場」という二つの事例を取り上げ、日本的広場の変節に光を当てる。後半では、一九七〇年代のSCと渋谷パルコを「商業施設に埋蔵された広場」という観点から再検証する――「カウンターであるジレンマ」の項は広場をめぐる議論から逸れるので読み飛ばしてもらっても構わない。そして、渋谷の変遷をたどりながら、日本的広場の現在形として、二〇〇〇年代以降の渋谷スクランブル交差点について論じる。

日本的広場とは何か

空間形態としての広場

早速始めたいのだが、日本、とりわけ日本の建築・都市計画学の文脈を踏まえて広場を論じるとなると回り道をする羽目になる。なぜなら、そもそも日本に広場があるかないか、というところから議論を始めなければならないからだ。では、日本に広場がないという場合の広場とは、一体何を指しているのか。

それは端的には、西欧的広場のことである。たとえば、都市のコア（核）に位置し、建物に囲まれた独立したオープン・スペースとしての広場のことだ。歴史的に遡れば、ギリシアのアゴラやローマのフォルムから始まり、中世の市庁舎広場、ルネサンスの左右対称の幾何学的な広場、バロックのダイナミックな造形美を誇る広場などが挙げられる。日本の建築・都市計画学では、一九六〇年代後半から七〇年代にかけて、カミロ・ジッテ『広場の造形』（一八八九＝一九六八）、ポール・ズッカー『都市と広場』（一九五九＝一九七五）など、西欧的広場に関する書物が盛んに翻訳され、広場の建築的造形原理や視覚的効果に関心が寄せられてきた。

ズッカー『都市と広場』の翻訳者でもある三浦金作は、西欧的広場を、古代広場／中世広場／ルネサンス広場／一七・一八世紀の広場／現代広場という歴史的分類のほか、形態的分類と機能的分類に区分している。[*3] そのなかで、明確な幾何学的秩序と建築的構成を持つ「建築的広場」は、西欧的広場に固有のものであり、日本では創出されてこなかったという。

しかし、日本に広場に相当するものがなかったわけではないとする議論も相応の蓄積がある。それらの議論の先駆けであり、参照源となっているのが、伊藤ていじらによる「日本の広場」（『建築文化』一九七一年8月号）だ。[*4] 伊藤らは、「たしかに日本の文字としての広場は、特定の場所または特定の空間形態をさしているのでもなければ、特定の機能が行なわれる場を称しているのでもない。したがって、このような広場の文字を、プラザとかスクエアとかプラッツアに当てるのは適当ではない。それは相対的に広いオープン・スペースを表わす普通名詞にすぎなかったからである」[*5] とする。そのうえで、「もし私たちが広場を、社会的・経済的にせよ政治的にせよ、人間を相互に関係づける装置であり、いかなる人工のオープン・スペースもその関係づけに利用されれば、それは広場といわれる舞台のひとつであったと定義するならば、それはたしかに存在してきた」[*6]と述べ、日本の広場とは、塀、壁、建物などによって囲われたものではなく、寺院・神社境内、参道や路地、河原など、そこに集まる人間の行動によって不定形に限定されるものだとした。[*7]日本の広場とは、単に相対的に広くひらけた空間としてあるだけでは広場とはいえず、集まる人間の主体的な欲求や行動によって「広場化する」ことを通じて存在してきたというのである。そして、日本の広場の物的特性として、①アクティビティの過程の重視、②シンボルによる空間、③外部空間のインテリア化、④テクスチュアと装置の変換、⑤空間の伸縮、⑥装置の仮設性の六つを挙げた。[*8]

民俗学者の宮本常一も、「日本では、たえず人が集まって来る場所というのは、井戸端か浜辺、あるいは水のほとりのようなところが多く、そのほかの場合は子供の遊び場になっている程度で、日頃はたいていひっそりとしている。（中略）村里における広場は自然発生的なものが多く、そこが作業場か信仰関係のところが多かった」[*9]という。

次に陣内秀信は、交通の要所に広場に相当する空間が生まれるのは西欧も日本も同じだが、複数の道が一点の中心に集まって、求心性の高い広場が生まれる西欧とは異なり、日本の広場とは、移動する人びとの動きや流れの結節点に不定形に生まれてきたと指摘する。[*10]近世であれば、神社・寺院の境内や門前、橋のたもとや河原、四つ角の辻。日本で「広場」という言葉がドイツ由来の計画概念として導入されるようになった明治・大正期であれば、橋詰広場、駅前広場や交差点の角地。[*11]昭和期であれば、震災復興期の区画整理事業において、鉄道の発達と街路幅員の拡大によって誕生した、上野広場や丸ノ内広場などの駅前広場がそれにあたる。戦後復興期には、バラックが立ち並ぶ駅前のヤミ市が広場に置き換えられていく──駅前再開発において、猥雑な場所が広場へと整備されていく図式は現在においても反復されている。一九四九年には、ヤミ市として栄えていた新橋駅西口の整備計画によって、広告塔やステージなどを設けた新橋駅西口広場が誕生し、駅前広場は乗用車やバスなどの車中心から歩行者中心へと徐々に変化していった。[*12]

陣内は『東京の空間人類学』（一九八五）のなかで、日本（東京）の広場について、「広場はもっぱら都市のなかでの人々の動き、流れに応じながら、ユニークな形で生まれた」とし、「交通体系が変化すれば、また別の場所に移動していくという、うつろいやすい性格をもったもの」[*13]として位置づけた。陣内の指摘から汲みとるべき点は、日本の広場は特徴として、「人の移動するところが広場化すること」と「広場自体が交通体系の変化に応じて移動すること」という移動の二重性を内包しているということである。

もうひとつ、伊藤や陣内らの指摘にも通じる点だが、西欧は「広場の文化」であるのに対して、日本は「道の文化」であるとする言説も根強い。[*14]参道を祭りが練り歩き、通りでは市《いち》が開かれ、路地では井戸端会議が繰り広げられるなどのように。日本では、参道や路地など、道そのものが広場としての役割を担ってきたというわけである。西欧の「中心‐区画」の都市構造に対して、日本に「奥‐包む」の都市構造を見出した、槇文彦らの『見えがくれする都市』（一九八〇）もこれらの言説に加えてよいだろう。

ここまでの議論を整理するならば、日本の広場とは、道や作業場などの日常的にはただの相対的に広くひらけた空間が、そこに集まる人間の欲求や行動によって一時的あるいは非日常的に広場化すること、ハレとケでいえば、ケの場をハレの場へと変換することによって存立してきたということである。ただの相対的に広くひらけた空間は、出来事を招き入れる空間にすぎず、コンテンツは入替可能といってもよい。また、明確な幾何学的秩序をもたず、固定された器としてあるというよりは、空間の伸縮や装置の仮設性を持ち、人間の移動、商品や情報の流通を含む広義の交通の結節点にアドホックに立ち上げられるものである。このような日本の広場のあり方を、西欧的広場と区別するために、本章では「日本的広場」と呼ぶことにしたい。

社会形態としての広場

ただし、広場とは、空間形態のみならず社会形態をともなっている。伊藤らも、「空間の保証は広場化にとってのただ一つの要件にしかすぎない。（中略）限定されることのない自由な集合を人びとが求める限り広場はつくられ続けられるであろう[*15]」と指摘しており、空間形態のみによって広場のあり方が規定されるわけではないという見解を示していた。

広場の機能は、宗教、政治、市《いち》、防災など広範に及び、さまざまな機能を包含していた広場が機能分化していった歴史を跡づけることができる。たとえば、後述する東京都企画調整局の「広場のシビル・ミニマム研究会」は、住居系、商業系、文教系、宗教系、交通系、行政系、業務系の七つの機能に分類している。[*16]ただし、これから述べる広場の社会形態とは機能に回収されるものではない。広場の社会形態とは、広場を取りまく集団のあり方や人間関係、人びとの行為や意識や規範、コミュニケーションなどを指す。

たとえば都市社会学者の磯村英一は、広場の空間形態や物理的表現にも目配りしたうえで、広場とは、権力や支配という垂直的な人間関係とは異質で、水平的な人間関係の場だとした。次々節で述べるように、一九七〇年代になると水平的な人間関係の場として、コミュニティと広場が結びつけられて論じられるようになる。また磯村は、広場には、集まるという行為以外に、話をすること、飲食をすること、娯楽を楽しむこと、超自然的なもの・人間でないものに接することという四つの条件が潜在しているとした(「盛り場」は、それが顕在化したものだという)[*17]。

社会形態という言葉は、社会学の確立に寄与したエミール・デュルケームの「社会形態学」に見られる言葉でもある。デュルケームは、個人の意識に外在しながらも個人への強制力をもつ「社会的事実」を、「生理学的事実(行為の様式)」と「形態学的事実」の二つから構成されるものとし、後者の「形態学的事実」に、人口分布、通信・交通路、住居などさまざまな建造物を含めた。これらは空間化された社会集団の様式であるともいえ、デュルケームの社会形態学には、「集団」と「空間」の概念を接合しようとする姿勢を見出すことができる[*18]。

このように社会学の古典においては、必ずしも空間形態の次元が見過ごされていたわけではない。しかし従来、建築・都市計画学では広場を空間形態に偏って、社会学では社会形態に偏って論じる傾向にあった。とりわけ都市社会学の分野では、広場を取りまく人びとの意識、集団のあり方や人間関係などの側面が、町内会・自治会、住民参加やコミュニティ研究の一環として俎上にのせられる程度であった。広場は透明な器として扱われ、その器の中身ばかりに焦点があてられてきたといっても過言ではない。[*19]

また社会学の場合、必ずしも広場を物理的な空間に場を占めるものに限定して論じてきたわけでもない。社会形態としての広場に向けられる関心とは、そもそもなぜ人びとが集まろうとするのか、そこにどのようなコミュニケーションの欲求があるのかという問いと結びついている。そのため、多くの人びとが集まり、コミュニケーションが繰り広げられる場であるならば、それは物理的な空間でなくても構わないことになる。

たとえば社会学者の田村紀雄は、広場を「生活空間の中でのコミュニケーションの一つの手段＝チャンネルである」[*20]としている。田村の視点を敷衍すれば、広場には、必ずしも空間形態をともなわないメタファーやメディア上の広場、たとえば「読者の広場」や「みんなの広場」、ウェブのBBSに見られる「○○フォーラム」のような事例、さらにはグーグルやフェイスブックなどの「プラットフォーム」も含まれる。たとえ物理的な空間に場を占めなくとも、後述する「平等」、「自由」、「解放」の原則が成立していれば、そこは広場として社会的に受容されうるのだ。

本章ではこれらの事例を捨象するわけではないが、あくまで広場を物理的な空間形態と社会形態の双方によって形づくられるものとして論じていくことにしたい。広場の空間形態が広場の社会形態をすべて規定するわけではないからだ。意図せざる使われ方をすることによって、計画の論理を超えた広場の社会形態が生み出されることもある。広場として計画されていない場所が「広場化する」こともある。そもそも「広場化する」という出来事は、計画や管理の論理から逸脱する余白に存立してきたという言い方もできるだろう。

そこで今度は西欧的広場と日本的広場について、社会形態という観点からも比較しておこう。建築に囲われた明確な幾何学的秩序をもつ広場を、西欧的広場の空間形態とするならば、とりわけ西欧的広場の社会形態には、誰もが参加できる「平等」の原則、自由に話し合うことのできる「自由」の原則、権力や束縛から解き放たれる「解放」の原則という特性があるとされてきた。[*21] それらに加え、都市の中心に据えられた西欧的広場は、都市国家の政治に参与する権利を持つ市民による直接的な政治、軍事、宗教などの場であり、市民意識や自治の精神とも分かち難く結びついた、共同体のシンボルとなってきた。

それに対して、小松左京によれば、日本では早くから話し合いや寄り合いなど共同体の政治集会と祭りの場が分離してきたのではないかという。[*22] そのため、市民の自治によって獲得された社会形態を持つ広場があるかないかという、広場の社会形態の条件をめぐっても、日本には広場がないとされてきた。

とりわけ戦後になると、羽仁五郎『都市』(一九四九)による都市‐市民‐広場の三位一体説、丹下健三が参加したCIAM(近代建築国際会議)第八回(一九五一)での「都市のコア」や丹下設計による「広島平和会館原爆記念陳列館」(一九五二)のピロティに関する議論を受け、日本でも市庁舎の建設とともに、民主主義の象徴としての広場をめぐる議論が盛んになった。そこでは自治の精神が浸透し、市民の市民による市民のための西欧的広場が、日本にとって「獲得されるための目標」として据えられた。[*23]

しかし、「上から」与えられた市庁舎の広場は、人びとによる広場化への欲求や空間の領有意識が希薄で、帰属意識の対象とは見なされてこなかった。そのため、日本には社会形態としても広場がない、とされてきたのである。たしかに、西欧では祝祭（カーニヴァル）の場が広場であり、広場－祝祭－反乱という結びつきをもっていたのに対して、日本ではその結びつきは希薄であったといえる。

だからといって、日本に平等や解放と結びついた場がなかったわけではない。神社や寺院、森や山麓で執り行われた祭りは、人間を超越した次元と一時的に交感し、「神話的な枠組の中で時空をワープする媒体」[*24]であるとともに、封建的で階級的な身分にとらわれない平等や解放と結びついた場であった。

また日本的広場が、政治集会や異議申し立てなどの「示威の場」たりえなかったわけでもない。一九五〇年代の人民広場事件や血のメーデー事件で知られる「皇居前広場」や一九六八年の新宿騒乱の決起集会が開かれた「新宿東口広場」など、一時的あるいは非日常的であるにせよ、日本の広場も利害関係の異なる主体間の軋轢やせめぎ合いをともなう「示威の場」となってきた。ただし、原武史が皇居前広場を「何もない空間」と評したように、日本的広場の空間形態として、権威的で永続的な建造物や記念碑のない「何もない空間」が、一時的に政治の場として広場化するという、ハレとケを変換する点は共通している。[*25]

では、日本的広場が政治的であれ、経済的であれ、人間を相互に関係づける装置であり、そこに集まる人びとの行動によって広場化するというのであれば、日本的広場はどのような装置や行動によって広場化してきたのだろうか。そこにみられる人間関係、人間の行為やコミュニケーションとはどのようなものだったのだろうか。

回り道が長くなってしまったが、次節では、一九六九年の「新宿西口地下広場」と一九七〇年の大阪万博の「お祭り広場」という二つの事例を取り上げたい。なぜなら、この二つの事例は、日本的広場がその重心を、「政治の場」から「消費の場」へとシフトしていく過程を象徴しており、私たちが現在の商業施設において目にする広場のあり方の原型を形づくったと考えられるからだ。

新宿西口地下広場とお祭り広場——政治から消費の場へ

通路となった新宿西口地下広場

まずは、新宿西口地下広場の空間形態について概観しておこう。新宿西口地下広場は、淀橋浄水場跡地周辺の新宿副都心計画の一環として、一九六六年、坂倉準三建築研究所の設計によって竣工した。地下2Fは駐車場、地下1Fは国鉄（現JR）や地下鉄、小田急や京王への乗り換えの動線を集約し、コンコースと噴水のあるコアからループ状に車道が伸びた先の地上にはバスターミナルがつくられた（図2-1）。歩車分離を含む交通体系の変化によって生まれた新宿西口地下広場は、新たな鉄道やバスのターミナルである交通の結節点に位置し、日本的広場の空間形態の特性を兼ね備えた広場であるといえよう。[*26]

噴水のあるコアの上空は穴のあいた吹き抜けとなっており、地下からは地上を見上げ、地上からは地下を見下ろすことのできる舞台性をもった構造になっている。そして、噴水のあるコアと吹き

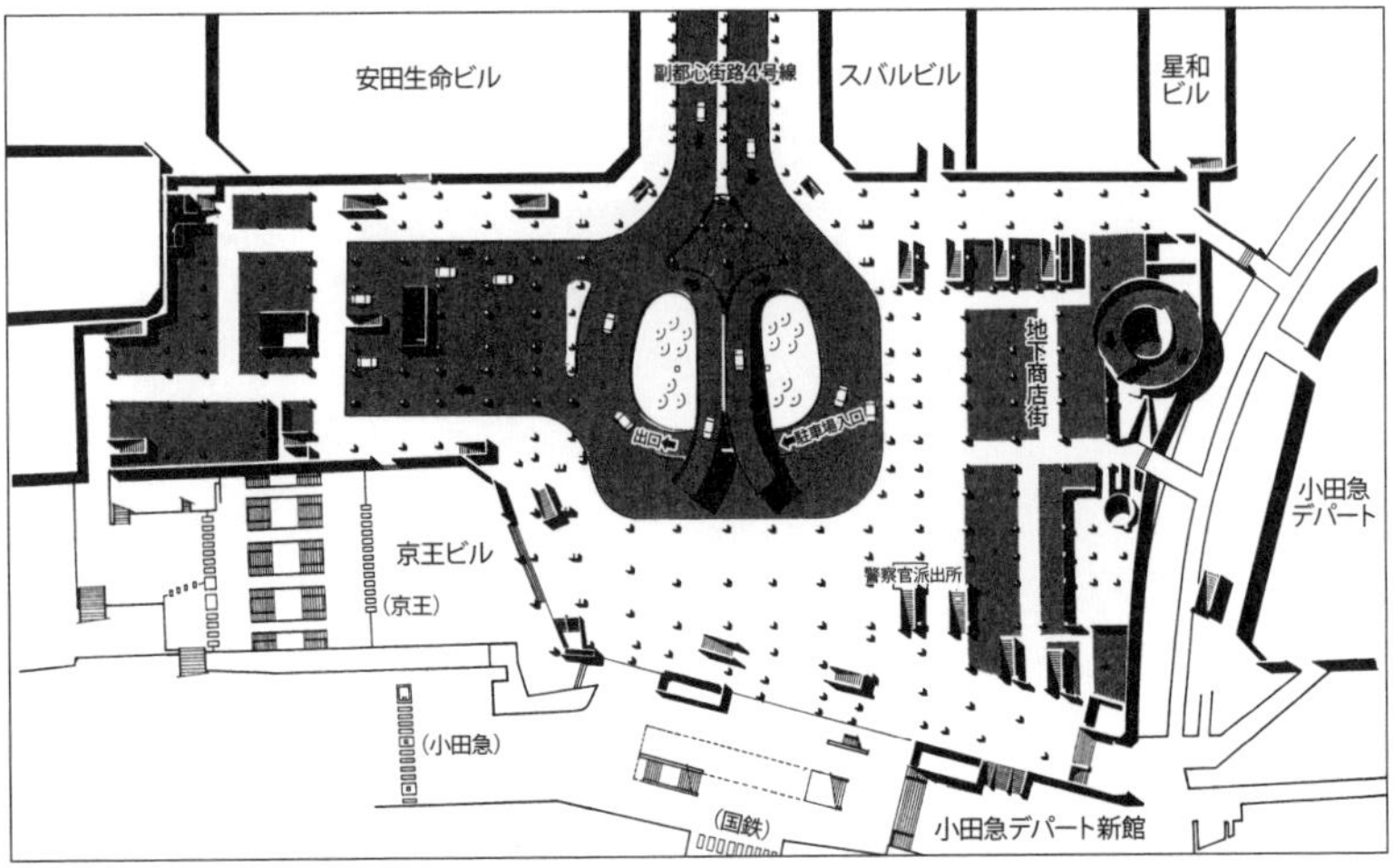

図2-1　1967年当時の新宿西口地下広場図。下側が西口駅出口のある小田急百貨店。（『建築』1967年３月号）

抜けが大きな領域のまとまりを、ランダムに並んだ柱が複数の小さな領域のまとまりを生んでいる。また床の各所に散在する磁器タイルの円形状のパターンも、人びとに滞留を促した（図２-２）。坂倉準三建築研究所の設計担当者であった東孝光と田中一昭は、「人の流れが常に一定方向の流れでなく多様な方向の流れとよどみを受けとめなければならないという意味で、方向性を持たない磁器タイルによる円形パターンが全コンコースに使われた」[*27]と記している。

では新宿西口地下広場の社会形態、すなわちそこに集まる人たちはどのような人びとであり、どのようなコミュニケーションを繰り広げていたのか。宮本常一によれば、新宿西口地下広場が竣工する以前から、淀橋浄水場跡地周辺では、詩吟、マンドリンやギターなど数十個のグループが集まり、その外側を若者たちがマラソンする光景が見られ、「東京にも広場の起こりうる余地が非常にあった」という。[*28]また東野芳明によれば、「昨年［一九六八年］の夏頃から、西口広場には毎週土曜日になると、自然に、人が立ち止まり、集まり、あちこちで、討論がくりひろげられていた」[*29]という。そして一九六九年三月、この新宿西口地下広場は、ベトナム反戦運動をするフォークゲリラの溜まり場となっていった。[*30]新宿西口地下広場は、身分や所属も関係のない群集たちが集会、抗議をし、身体と音と言葉を突き合わせながら、吉見俊哉が『都市のドラマトゥルギー』のなかで用いた言葉を借りれば、「触れる＝群れる」場として広場化していた。[*31]フォークゲリラの集会は、新宿西口地下広場の小さな領域のまとまりを活用しながら複数の小集団を形成する時もあれば、多い時で七〇〇〇人規模の集団に膨れ上がる時もあった。そのため、警官や機動隊とのせめぎ合いが幾度となく繰り返されることになったが、新宿西口地下広場の空間形態が集会に集まる若者たちにとっては功を奏した。

というのも、コンコースの随所に階段が設けられており、鉄道の乗り換えの動線や抜け道となるルートも数多く存在するため、人びとは一方向ではなく、多方向に分散して移動することが可能だったからだ。東野も「この広場のレヴェルの多い多孔的な設計が、期せずして、ゲリラ的な動きを助ける結果になったのは面白い」[*32]と指摘している。

機動隊が出動し、フォークゲリラ最後の集会となった一九

図2-2　床には磁器タイルの円形パターンが施され、ゆるやかに人の滞留を促している。（『建築』1967年３月号）

六九年七月一二日には、地上と地下駐車場をつなぐ螺旋状の車道に群集がなだれ込み、車道を占拠した（図2-3）。なかには仰向けに寝転がる者も現われ、車道が「地べたに化していた」という。[*33] 車道は歩道に読み替えられ、異議申し立ての場としてまさに広場化したのである。

フォークゲリラの若者たちが集まる場所は、どこでもよかったわけではない。反戦や反安保を唱えるデモ行進の終着点も新宿西口地下広場だった。これらは、鉄道やバスのターミナルという交通の結節点であることに加え、新宿西口地下広場のコアが持つ求心性とそこから渦巻き状に道が分岐していく遠心性という空間形態によるところが大きいだろう。

吉見は『都市のドラマトゥルギー』のなかで、六〇年代の新宿は、地方から上京した若者たちが単身でやって来て、巨大な群れを形成する場所であったとして、「東口駅前の通称グリーン

図2-3　新宿西口地下広場を埋め尽くした群集。（1969年７月５日 毎日新聞社）

ハウスや凮月堂を根城とするフーテン、蠍座やピットイン、それに花園神社境内等で公演を続けるアングラ演劇やハプニング、該当の各所で集会を組織したりカンパを叫ぶ学生、西口のフォークゲリラ、街を彷徨する若者たち、三光町界隈の娼婦や浮浪者等々——。政治的であれ、文化的であれ、風俗的であれ、あらゆる尖鋭的なものが吞み込まれ、閃光を放ち、渦巻いている、六〇年代の新宿はそんな盛り場だった」[*34]と述べた。新宿西口地下広場は、まさに空間形態としても社会形態としても、「あらゆる尖鋭的なものが吞み込まれ、閃光を放ち、渦巻いている」広場だったといえよう。

しかし、七月一二日以降、フォーク集会は禁止となった。管理側は、人びとが滞留することや集まることを危険視する。そして、一九世紀のジョルジュ＝ウジェーヌ・オスマンによるパリ改造よろしく「サーキュレーション（循環・

流通)」を優先し、治安や衛生などの観点から、人びとをできるだけフローとして捌こうとする。七月一八日には、新宿西口地下広場は「新宿西口地下通路」へと名称を変更し、占拠が起これば排除の対象となる道路交通法の管理下に置かれた。[*35]皮肉にも、日本的広場の特性である道や通りへと還元され、その空間形態のみが形式的に保存されることになった。もはや、そこは人びとの溜まり場ではなくなった。滞留することは許されず、通過するだけの場所となったのである。

お祭り広場のアーキテクチャとコンテンツ

では、日本的広場はその後、どのような姿かたちをとり、その重心を「政治の場」からどこへ移動させていったのだろうか。その変節を辿るうえで重要な出来事が、一九七〇年の大阪万博である。大阪万博では、ゲートやパビリオンをつなぐ幹線装置道路の交点である会場のコアのシンボルゾーンに、大屋根、大階段の観覧席、コンピュータ制御装置を備えた「お祭り広場」が設けられた(図2-4~8)。装置道路がつながって広がっていくかたちで、各種サービス機能を集約したサブ広場(七つの曜日広場)もつくられた。[*36]会場基本計画および大屋根は丹下健三、お祭り広場の観覧席は上田篤、制御装置は磯崎新の設計。お祭り広場は、岡本太郎の「太陽の塔」、人工池の「天の池」などと並んで、大阪万博のシンボルゾーンを形成した。大屋根が架けられたお祭り広場は、周辺の丘陵に囲まれたすり鉢状の低い場所に位置し、パビリオンや通行デッキからの視線が抜けるようになっていた。[*37]建築的な囲いがないという点においても、交通の結節点に位置していたという点においても、半年間の会期という仮設性の点においても、日本的広場の特性を踏襲している。

大阪万博の会場基本計画は第一次・二次案までが西山夘三主導、第三次・四次案からが丹下主導で進められた。「お祭り広場」というネーミングやコンセプトは西山らの発案によるもので、第一次案ですでにその構想が発表されている。[*38] 西山は、人口の集中や産業の集積が加速化し、公害や交通などの都市問題を起こす都市化の現状を鑑み、「未来都市のコア」には、人間と人間が交歓しあう場として「広場」を設ける必要があると考えた。そして、お祭り広場に関しては、「村のお祭りのひろばの再現である。村のお祭りの楽しさを、うんと大きく拡大したものをつくることである。（中略）幸か不幸か日本には広場というものが、今日ではほとんどなくなってしまった。そこで、日本万国博では、未来の都市にかかせない理想的なみんなのひろばをつくる[*39]」と述べた。

京都大学で西山の下で計画案の作成に携わった上田は、お祭り広場の計画にあたり、小豆島・亀山八幡宮の鎮守の森をヒントにしたという。上田は、やはりここでも西欧には「広場」はあるが、日本には「広場」がないという言説を持ち出したうえで、「日常ではなく非日常の広場。お祭りのときに人が集まってきて、互いに知らない人たちが混ざりあう。それが「日本の広場」である。つまり「お祭り広場」だと思ったのです。そこで万博の広場も「お祭り広場」と命名したのです[*40]」と当時を振り返っている。

亀山八幡宮が、空間形態としては、真ん中に神楽殿があり、境内の周りを取り囲んだ石垣の桟敷が観覧席になっているのと同様、お祭り広場でも、約九〇〇〇㎡の長方形の広場にスペース・フレームを駆使した観覧席である空中桟敷が設けられ、演者と観客のあいだで「見る・見られる」の関係が反転しうる、立体的な相互の視線の交錯が企図された。[*41] このように、鎮守の森の社会的かつ空

図2-4　大阪万博、お祭り広場風景。岡本太郎「太陽の塔」のシンボルを中心に大屋根がかけられている。（大林組）

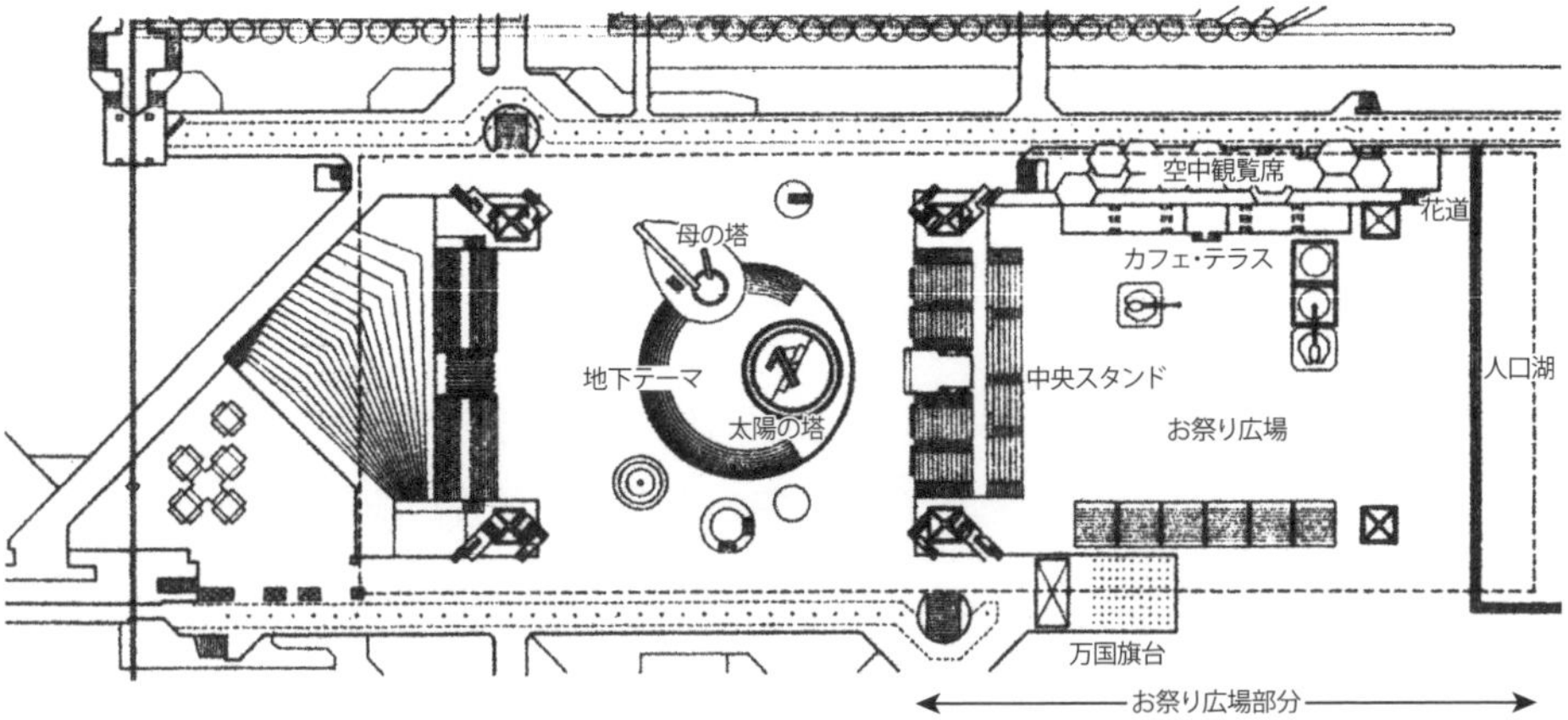

図2-5　お祭り広場・平面図。（『建築雑誌』1970年３月号）

図2-6　お祭り広場での開会式の様子。イベントやセレモニーがここで行われた。（毎日新聞社）

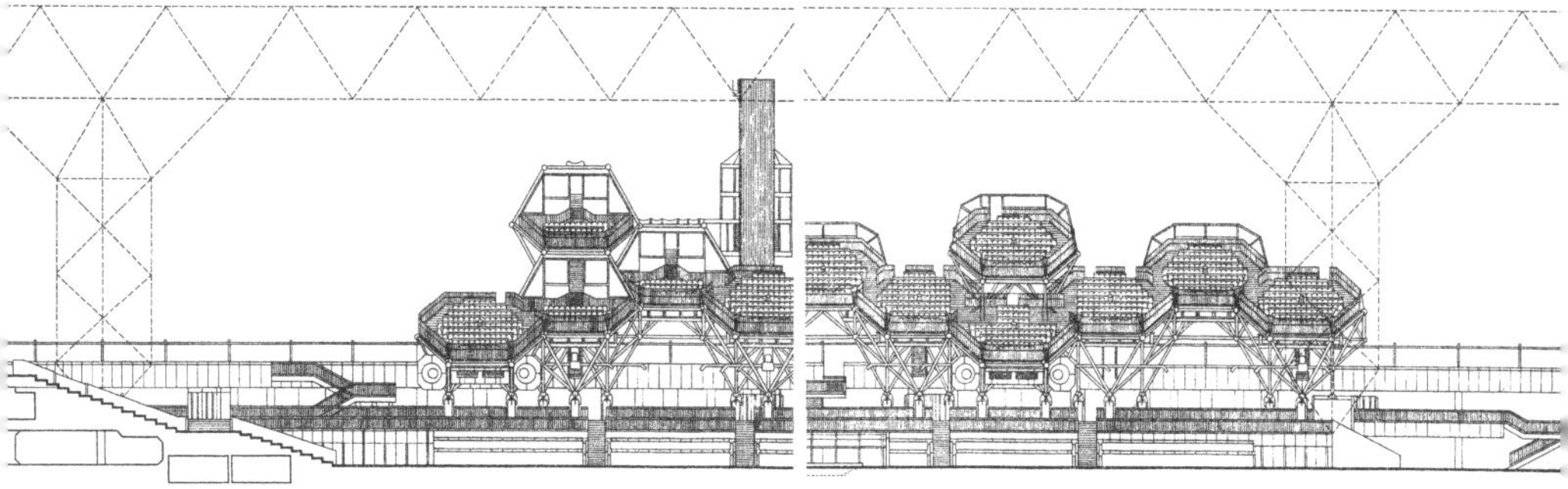

図2-7　お祭り広場・立面図。（『建築雑誌』1970年３月号）

間形態が、大阪万博のお祭り広場へとトレースされたのである。

関西の西山グループから提案されたお祭り広場というコンセプトに対し、丹下は『会場計画委員会会議録』のなかで、「お祭り広場というのがまたどうご説明したらいいかよくわからないのですが、一言でいいますと、日本の祭りのような雰囲気を一応持っている。また西洋の広場のような雰囲気と性格を持っているものを考えたらどうだろうかと思っているわけです[*42]」と発言している。『日本万国博覧会 公式記録』でも、お祭り広場は、「日本の「お祭り」と西洋の「広場」の精神と性格を兼ね備えたもの[*43]」と位置づけられている。

お祭り広場という名称は、西洋の広場と日本の祭りの合成語というわけだ。たしかに、敷地となる会場の中心に幾何学的な長方形の広場が計画的に設けられたという点では、空間形態としての西欧的広場の性格を兼ね備えていたと言えなくもないが、ここでは西洋の広場と日本の祭りの合成語であるお祭り広場を、「アーキテクチャ」と「コンテンツ」に分解して捉えなおしてみたい。アーキテクチャとは、人びとの行動や振る舞いを規制する物理的環境を指す[*44]。コンテンツとは、映像、音楽、演劇などの催し物の中身を指す。

お祭り広場をアーキテクチャとコンテンツに分けるならば、アーキテクチャとしては、会場交通の中心に位置するゆえに一五万人規模の群集を巧みにさばきながらコントロールすること、「主体的参加」という名目のもと繰り広げられた各種イベントを首尾よくオペレーションするための器たることが求められた。コンテンツとしては、開会・閉会式、ナショナル・デー、スペシャル・デーの式典のほか、日本各地の祭り、世界各国の民族舞踊やショーなどのイベントが用意された。

図2-8　お祭り広場では、日本各地の祭りや踊りが披露された。（『日本万国博覧会 公式記録』第２巻、日本万国博覧会記念協会）

日本各地の祭りに関しては、いまや全国各地から大量の人たちを集客するメガイベントになっている青森ねぶた祭りや阿波踊りなどもお祭り広場のコンテンツとして催された（図2‐8）。お祭り広場とは、土地や持続的な担い手と結びついた祭りが、本来の土地から離床し、都市における一過性のイベントとして消費されはじめた象徴的な出来事の場だったといえよう。大阪万博は「消費社会という祭りの幕開け」であった。

会期中、大阪万博には、六四〇〇万人以上が来場したが、お祭り広場に集う群集は、新宿西口地下広場に集う若者たちのように政治的動機によって互いに結びつけられていたわけではない。時間によって区切られ、入れ替わっていく見世物のイベントを次々と消費するためにお祭り広場へと集まったのである。お祭り広場は、消費を目的とした群集に対して、アーキテクチャとコンテンツからなる動員装置として大いに機能した。興味深いことに、上田はお祭り広場にとって、動員される大量の群集こそが最大の見世物だったという趣旨の記述を残している。

お祭りひろばの最大のイベントは、ここで開かれる開会式でも、ショーでもなく、まして建築空間でも、その装置でもなく、人間――この広場にゆきかい、よどみ、いこう人間そのものである、ということだ。（中略）〈人間をみせる〉ということができれば、それは明らかにショーとしても最高のものであろう。[*45]

お祭り広場でのイベントの出演者は延べ二七万人にのぼり、一〇〇〇万人を越える観客が集まった。[*46]万博とは始まり以来、国家の産業や技術、近代の商品世界が見世物として陳列されるショーケースとしてあったが、大阪万博は都市におけるイベントに参加する人間それ自体を見世物としたことが特筆すべき点だったといえよう。

大量の群集が動員される以上、お祭り広場は、国家的なセレモニーを表象する場としての性格とともに、飲食のできるカフェ・テラスを設けるなど、商業施設としての性格を兼ね備えることになる。丹下健三は、大阪万博の会場基本計画に関して次のように発言している。

お祭り広場を中心にしていろいろな施設が効果的に配置されております。テーマ館とか、美術館とか、劇場とか、そういうものがこの地域に参ります。さらに世界のうまいものを集めた食堂街とか、世界の名店を集めたショッピング・センターとか、そういったものがこの地域を構成いたします。(中略)ここから派生して幾つかの小さな広場とか、あるいは道とか、そういうものが出ておりまして、いろいろな形で人々が集まる場所になる場所でございます。[*47]

丹下の発言は、まるでグローバル・チェーン店やフードコートを抱える現代のSC、ショッピングやツーリズムと結びついた現代の美術館を描写しているかのように映る。このことは偶然ではない。次節でみるように、大阪万博とは、現代のSCや渋谷パルコの空間戦略の雛形だったといえるからだ。実際、一九七〇年代に入ると、大阪万博の計画で培われたテクノロジーを駆使したSCの開発が次々と進められていく。

*

新宿西口地下広場と比較するなら、道路交通法の管理下に置かれることになった新宿西口地下広場と同様、お祭り広場において大量のガードマンが配備されていたことも注目に値する。お祭り広場は、徹底的に管理され、セキュリティが確保された安心・安全な広場である代わりに自由はなく、禁止事項が多い、その後の日本的広場の原型にもなっていた——現在ではガードマンという人間が監視カメラという機械に代替されつつあるが、近年の都市再開発で新しく設けられた広場でも、

「広場を快適に利用する為のお願い」として、野球やサッカーなどの球技、スケートボードや音楽の演奏など、「管理側で規定する禁止事項ならび他人に迷惑な行為を禁止します」という看板をよく見かける。そこで行われているアクティビティは一見多様であるように見えて、実は種類が限られている。その一方、たとえばフットサルやスケートボードなどは、有料である個々の消費空間に分断されて商業施設の屋上などに組み込まれるようになっている。

お祭り広場とは、万博という誰もが自由に出入りや振る舞うことができるわけではない有料のイベントの場であり、巨額の投資によって実現された一過性のメディア・イベントの舞台装置だった。そこで見られたのは、「空間の商品化」と「場所の消費」であって、平等、自由、解放の原則は必ずしも適用されない。

大竹誠や真壁智治らによる遺留品研究所は、大阪万博をやり玉のひとつに挙げながら、国家や企業によって「共存を戦略化する広場は、〈広場らしさ〉を主題にすえ、広場らしさをも消費対象とする消費としての広場を実現することになる。（中略）共存志向は戦略としての広場をヒューマニズムの主題のもとに広場らしさを消費対象として大衆の日常性を侵蝕し動員してきた」[*48]と批判した。

吉見も、新聞やテレビといったマスメディアが、大阪万博を中立的な「お祭り」として受容させ、大衆の日常意識における自発的な動員の機制として決定的な役割を果たしたとしている。そして、「博覧会は、その非政治的な見せかけによって、「政治」から人々の目をそらさせてしまうがゆえに「政治的」であるだけでなく、その動員や展示のシステム自体に、ある種の〈政治〉を内包している」[*49]という。また磯崎は、お祭り広場を、光、音、動きを制御し、必ずしも物理的形態をともなわないイベントを、一瞬の体験の連鎖によって発生させる都市装置であるとして、"Invisible Monument"と称したが、政治そのものも目に見えないものへと姿を変えていったといえよう。[*50]

お祭り広場をとおして浮かび上がってくるのは、広場を使用価値から交換価値へと還元する〈広場らしさ〉にほかならない。抜群の知名度と集客力を誇ったお祭り広場は、七〇年代以降、消費社会の広告的言説のなかに、〈広場らしさ〉のイメージや比喩としての「広場」という言葉が氾濫することにつながるうえでの多大な貢献をすることになった。津村喬らによる《国＝語》批判の会の言葉を借りれば、「大衆は、「建物によって限定された広場」ではなく、商品とコトバによって限定された広場を生きなくてはならない」[*51]ようになったのであり、ジャン・ボードリヤールの書名を借りれば、「消費社会の神話と構造」としての広場と現実の広場が区別し難いものになっていったのである。

その点、新宿西口地下広場は、「コトバによって限定された広場」のあり方を、使用価値の行使によって上書きして書き替えた、あるいはイメージの広場と実体としての広場が一致した瞬間だったといえるかもしれない。そうであるがゆえに、西欧的広場の社会形態を「獲得されるための目標」とする見方によって、新宿西口地下広場は神格化されてきた。日本にも広場はあったと。しかし、コトバのうえでも「通路」へと変更になった新宿西口地下広場は、人びとの動きや流れの結節点に生まれ、別の場所に移動していくうつろいやすい性格をもっていたという点で、皮肉にも、いや「正しい」日本的広場でもあった。人びとに滞留を認めず、「サーキュレーション」の速度を高めることになった新宿西口地下広場の「通路」への変更は、日本的広場が、人と商品をフローとして同列に扱い「流通」速度を高めようとする資本主義下における「消費社会の祭りの幕開け」を告げた大阪万博のお祭り広場、さらにはそれを経由して商業施設に埋蔵された広場へと姿かたちを変えていく予兆をはらんでいた――新宿西口地下広場は、小田急地下名店街（一九六六）や同じ坂倉準三設計の小田急百貨店本店（一九六七）とも一体的に計画されていたのだから。商業施設の広場では、売上につなげるためにできるだけ多くの人を集め、人びとの滞留を認めるどころか、歓迎するためのさまざまな空間演出が施されることになる。

商業施設に広場を埋蔵する――ポスト大阪万博

ショッピングセンター元年

大阪万博が開かれた一九七〇年は「ショッピングセンター元年」と呼ばれ[*52]、一九六九年から一九七二年にかけて全国のSCは四九店舗から三三一店舗へと七倍近く増加した[*53]。SCの建築空間の設計には、大阪万博で培われた、敷地周辺の交通計画、大量の人の流れをコントロールして回遊性を高める動線計画、建築内部で快適な人工環境を実現する環境工学などの空間演出の技術が応用された[*54]。

ここでは、一九七〇年前後に誕生したSCに、〇〇センターのほかに、スペイン語で広場を意味する「〇〇プラザ」という名称が数多く用いられたことに着目したい（SC以外の百貨店や商店街などの商業空間にも「プラザ」という名称が同時代的に使われるようになった）。たとえば香里ショッパーズプラザ（一九六八）、中百舌鳥ショッパーズプラザ（一九七〇）、カタクラショッピングプラザ（一九七三）などのＳＣが挙げられる。東京では、原宿セントラルアパート地下に原宿プラザ（一九七三）が誕生し、一九七四年から東急プラザが全国展開するようになった。そのほか、ラフォーレ原宿（一九七八）は「ファッションプラザ」、１０９（一九七九）は「ファッションコミュニティ」という触れ込みとともにオープンを迎えた。[*55]

名称にプラザやスクエアなどの文字が付いていなくとも、ＳＣには杓子定規的に広場が設けられた。たとえば、日本初の本格的ＳＣとされ、「〈太陽と緑のショッピングセンター〉を目標に設計が進められた」玉川高島屋ＳＣ（一九六九）には、１Ｆに池と噴水がある吹き抜けの広場、多摩ニュータウンのグリナード永山（一九七四）には、２Ｆに中央広場と４Ｆに屋上広場がつくられた。大阪府のくずはモール街（一九七二）は、屋外にある「汽車のひろば」と名づけられた六角形の中央広場からオープンモールの「太陽のモール」とインドアモールの「花のモール」「緑のモール」が伸び、専門店街やキーテナントを結ぶ平面構成であった[*56]（図２‐９〜12）。

地下街では、阪急三番街（一九六九）に人工の川が流れる吹き抜けの広場、梅田地下街（現ホワイティ梅田）に噴水のある「泉の広場」（一九七〇）ができた（図２‐13）。大阪万博のパビリオンで用いられた技術と同様、照明や空調などによって内部環境をコントロールすることで屋内と屋外の境界を曖昧にし、人工的な植栽を施したＳＣや人工的な川を流した地下街が、都市部を中心に数多く誕生した。ここまで見てきたように、七〇年代には、ＳＣにおいて、広場を太陽や泉など「自然」と結びつけながら空間化することが常套手段になっていた。

とりわけ大規模なＳＣになると、複数の通路が引かれ、それらが交わる結節点に広場が設けられ

図2-9　玉川高島屋SC。(『近代建築』1970年２月号)

図2-13　阪急三番街。(『ショッピングセンター』1982年２月号)

図2-10(上)　くずはモール街・汽車の広場。(『ショッピングセンター』1973年11月号)
図2-11(中)　くずはモール街・概念図。
図2-12(下)　くずはモール街・平面図。(いずれも『商店建築』1972年9月号を参考に作図)

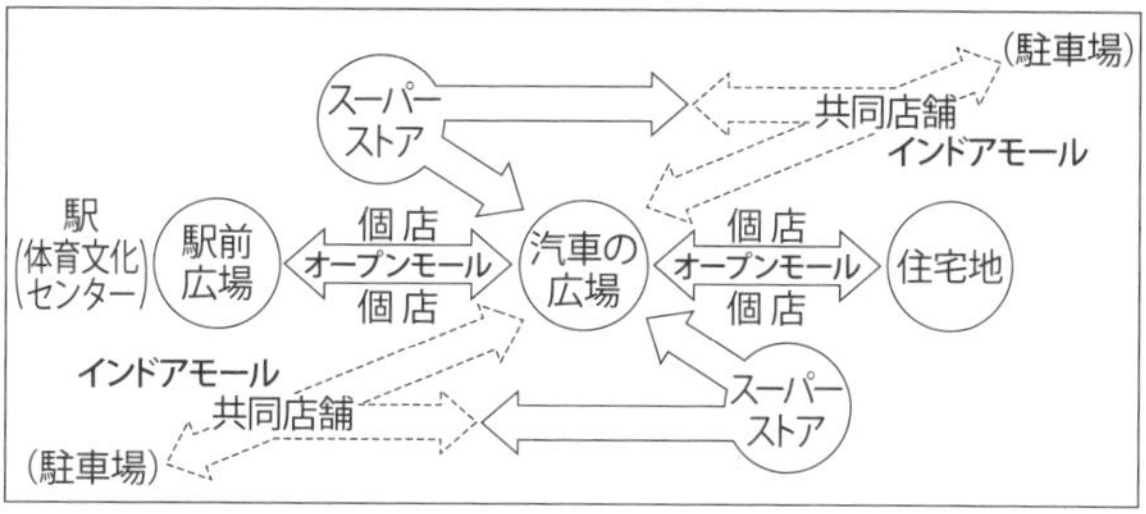

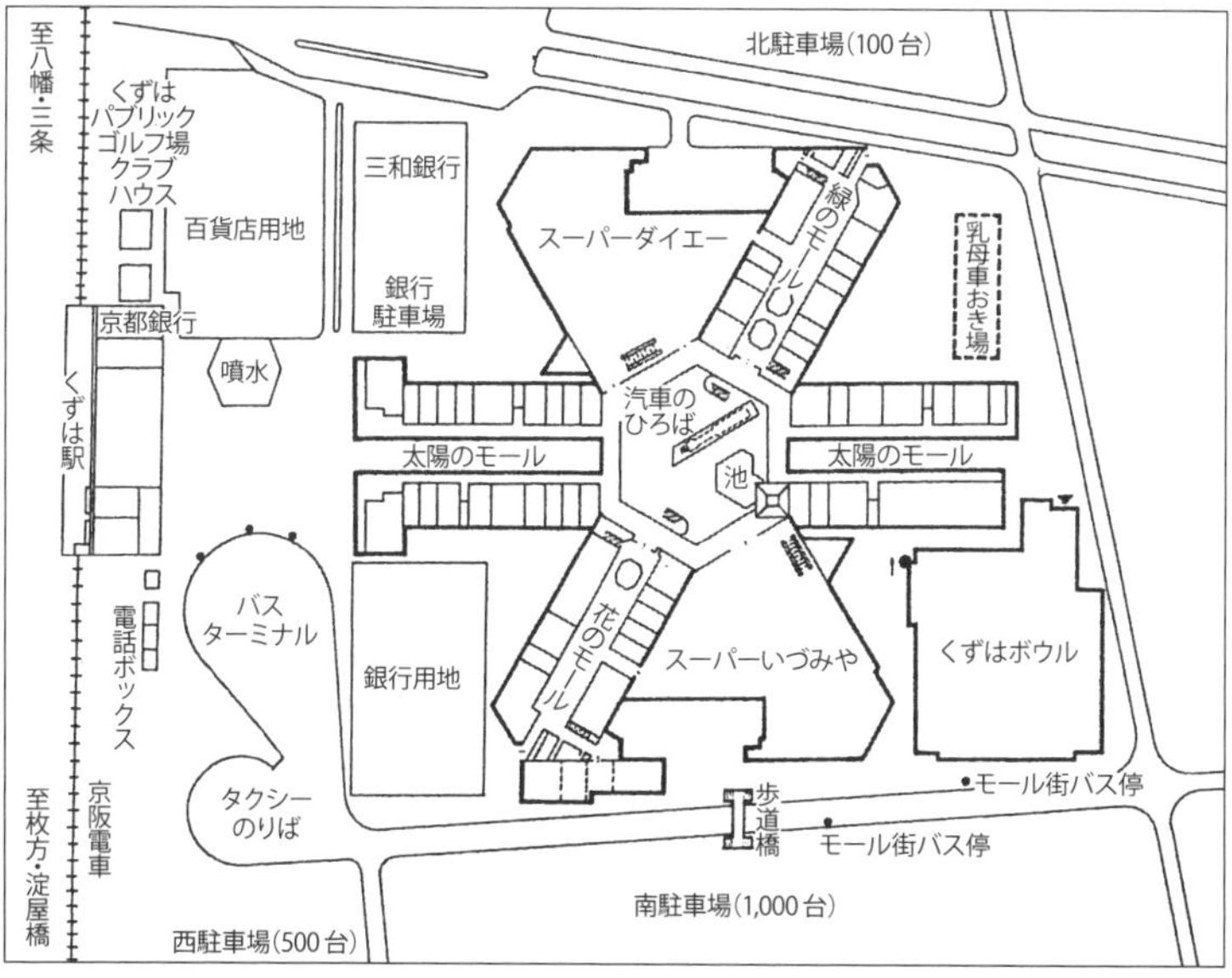

ることになった。そこはSCの催事の場所として使われることもあれば、待ち合わせの場所としても使われる。大規模なSCの回遊には、身体的な疲労がともなうため、休息の場所にもなる。SCの広場には、ハレとケでいえば、ハレの「にぎわい」とケの「憩い」の二つの側面があるのだ。

では、なぜこの時代にSCに広場を設けることが常套手段となったのだろうか。社会学者の田中大介は、日本ショッピングセンター協会の機関誌『ショッピングセンター』（一九七三年創刊）を紐解きながら、一九七〇年代におけるSCを「コミュニティ施設」、「コミュニティの時代」と呼んでいる。この時期、同誌には「商業施設と生活者を結ぶコミュニティ施設」、「コミュニティづくりの主役として地域住民と一体となって話題提供」といった論考が並んでいるという。[*57]同時期の『商店建築』のバックナンバーを通読してみても、「コミュニティセンターとしての新しい商業環境を指向する〝人間発見の街〟」、「水と緑と太陽を十分に取り入れる大きな空間をつくることにより、人間の心を柔らげ」といった文言が頻出する。[*58]

これらの記事の論調は、戦後の高度成長による都市化現象が人口の過密、公害、共同体の空洞化と個人化を招き、都市や地域における「人間疎外」が進んだ、ゆえにSCが都市や地域における「人間性回復の場とならねばならない」というSC業界の自意識に包まれている。『商店建築』のバックナンバーでも、「人間都市実現のテコとしての商業空間」「都市を人間のために取り戻すための商業空間の役割」という見出しが並ぶように、この自意識はいわゆるSCに限らず、一九六〇年代後半から七〇年代の商業空間一般に当てはまることである。[*59]

その背景のひとつには、一九六九年の国民生活審議会調査部会の報告書「コミュニティ――生活の場における人間性の回復」、それを受けた一九七一年の自治省「コミュニティ（近隣社会）に関する対策要綱」にもとづく都市部と農村部におけるモデル・コミュニティ地区の設定がある。そこに各種コミュニティ施設の整備が掲げられており、ＳＣもその一翼を担ったのである。

一九六〇年代後半から七〇年代は、高度成長によってさまざまな都市問題が生じた一方で、郊外の開発やニュータウンの建設が進んだ時代でもあった。郊外型のＳＣは立地面でも地域の中心《センター》に置かれ、文化施設や医療施設など、単なる商業施設を超えたさまざまな機能を取り込んだ施設として計画された。そして、そのＳＣのさらに中心に、〈広場らしさ〉として、西欧的広場をモチーフにした広場が設けられることになる。

たとえば、駅前広場と住宅地を結びつけるモールの中間に広場を設けた、くずはモール街については、「古代ギリシアの〝アゴラ〟（Agora）ローマの〝フォルム〟（Forum）といった西洋古代都市の広場からとり入れた六角形の広場を、ＳＬのＤ－51を陳列して〝汽車の広場〟と名づけて、同センターの中心としている」と計画趣旨が説明されている。[*60]ダイエー鹿児島ショッパーズプラザ（一九七五）であれば、「中央広場は、このショッピングセンターのメインテーマである。鹿児島市民のエネルギーと未来を象徴する。将来、鹿児島の人達が集い、対話ができる広場となるように念じたい」[*61]と（図2－14、15）。ＳＣの広場は、地域のコミュニティ、といっても自生的に育まれた地域共同体ではなく、新興の土地に新たに開設されるＳＣにとって、「消費に媒介された地域の人びと」が集まる／を集める装置として要請された。「施設がつくるコミュニティ」という言い方も当てはまるだろうが、生産や自治・年中行事によって結びつけられた既存のコミュニティが集まるからではなく、ＳＣに集まる人びとがコミュニティと見なされる図式が成立していったのである。[*62]
『ショッピングセンター』の記事には、「セントラル・コートはＳＣにおける広場であるが、この広場は、生活空間における第3空間の要素を組み込むことがキーポイントになる」[*63]という指摘がみられる。出典は示されていないが、磯村英一の「第三空間」の概念を想起させる指摘である。磯村は、都市の生活空間について、第一空間を住居、第二空間を職場、第三空間を匿名であり身分から

図2-14（上）/図2-15（下）　鹿児島ショッパーズプラザ。（ともに『ショッピングセンター』1976年4月号）

解放された、盛り場などのレクリエーションの空間とした。[*64] それに対して、SC業界では、SCにおける第一空間は後方空間（バックヤード）、第二空間は売場空間、第三空間はコミュニティ空間やパブリック空間で、SCにおける広場にあたるという。第三空間としてのSCにおける広場では、地域に関係するもの／しないものも含め、さまざまなイベントが催される。街路、ストリート・ファニチャー、植栽なども整えられている。街や地域をシミュラークル化したSCにおいて、広場は、街や地域における盛り場や公園・森の代替物として位置づけられたのである。

ただし、SCに埋蔵された広場の社会形態とは、ある限定をともなっている。ここで社会形態としての広場を、⑴儀式や政治集会、他者への主張や要求と結びついた「示威の場」、⑵休息や安らぎと結びついた「憩いの場」、⑶⑴や⑵を媒介とした地域や集団への「帰属意識の場」に大別してみよう。すると、SCの広場とは、新宿西口地下広場のフォークゲリラ集会のような⑴の「示威の場」となることを回避し、⑵および⑶に徹しようとしていることがわかる。広場とは、潜在的には⑴の「示威の場」と⑵の「憩いの場」のどちらにもなりうる可能性を持っているが、SCの広場では⑴の要素はあらかじめ排除されているのだ――大阪万博は、国家的なセレモニーが催された「お祭り広場」と各種サービス機能が集約された「サブ広場」があり、⑴と⑵の要素を併せ持っているといえる。

ここまで郊外やニュータウンのSCを重点的に述べてきたが、都心部についても触れておこう。東京の都心部では、霞が関ビル（一九六八）を皮切りに、七〇年代は超高層ビルの時代に突入した。超高層ビルでは、公開空地の設置要件や容積率緩和の観点から、「広場状空地」として広場が設けられる事例が増えた。それらの多くもショッピングゾーンに面するかたちでつくられた。たとえば、

図2-16　新宿三井ビル・55プラザ。（提供＝Google Earth 2016）

新宿三井ビル（一九七四）の「55プラザ」では、屋外の広場を取り囲むように店舗が連なり、滝、樹木、椅子やテーブルなども設置された（図2-16）。計画の出発点は、「高層化によって生み出された地表面の空間を、社会にどう還元できるか」[*65]であったという説明にもあるように、都心部の超高層ビルでは、高さ制限から容積制限への移行にともない、企業が地上部分の敷地を広場として活用し、公的に開放する手法が定着していった。[*66]

一九七〇年には、美濃部亮吉都知事の発案で、銀座や新宿などで都内初の「歩行者天国」も実施された（図2-17）。銀座の歩行者天国では、パラソルや椅子が設置され、ファストフードの食べ歩きなどが風習化したが、商業行為、宣伝行為、音楽の演奏などは禁止され、警視庁の厳格な監視下に置かれた。新宿の歩行者天国も、新宿西口地下広場を占拠したべ平連や過激学生各派への警戒のもと実施された。[*67]

美濃部都政は、翌年『広場と青空の東京構想――試案 1971』を提示し、一九七三年には、東京都企画調整局の依頼による「広場のシビル・ミニマム研究会」が、『広場――その可能性と条件』を発行した。これらは、高度成長と東京オリンピックの乱開発を経て問題化した、水・土壌・空気汚染、オープン・スペースの不足、地域社会の連帯の欠如などへの都政の対応である。『広場と青空の東京構想』では、「「広場」は都民参加の表現」と位置づけられ、「都民の対話の広場がつくられるとき、そこにはおのずと責任ある都政が約束され都市問題解決の市民の力量が開花するであろう」と記されている。[*68] 他方で、「人間の根源的な欲求ともいうべき、〝こころのふれあい〟を求めて出かけていく広場、そして自然との交流をもたらす緑、さらに健康な身体を鍛える施設などのシステムとしてのオープン・スペースは、都市に生活する市民にとって不可欠なものである」[*69]とも記されている。

このように七〇年代前半、広場という言葉は、「民主主義」と地方自治体が住民のために保障する最低限の生活環境基準である「シビル・ミニマム」の象徴として、都政にも戦略的に組み込まれていった。『広場と青空の東京構想』を受けた『広場――その可能性と条件』は、広場概念の詳細な検討や機能別の分類からはじまり、五〇ヵ所以上の「広場の事例資料編」に至る厚みある報告書となっているが、「連帯と自治」の回復の拠点として「広場」を位置づけるなど、その方針は「「広場」は都民参加の表現」とする『広場と青空の東京構想』を踏襲するかたちになっている。[*70]

両報告書で注目すべき点は、人口増加による東京圏の拡大への対応策として「地域社会単位の形成」の必要性が掲げられ、広場はその媒体としての役割を担うものとして期待されている点だ。『広場――その可能性と条件』では、広場の使用者の圏域（作用圏）／頻度／年令階層を、以下の三つのレベルに区分したうえで、それぞれのレベルの広場が地区特性に応じた多様な活動を媒介するものとして位置づけられている。[*71] この区分に従えば、郊外型のＳＣは低位から中位に、都心型のＳ

松屋 銀座ホリデイプロムナード
らん月

Cは高位に該当するだろう。

- 低位：住居地域（近隣）／毎日／幼児・主婦・老人
- 中位：地域の中心（地域）／毎日〜毎週／主婦・青年・勤労者
- 高位：都心地域（全都市）／月〜年・毎日〜毎週／青年・サラリーマン

このように郊外か都心部かなど、立地によって広場の位置づけは異なるが、一九六〇年代後半から七〇年代のSCでは、人びとが集まる／人びとを集める装置として、杓子定規的に広場が設けられたことに変わりはない。

七〇年代後半には、早くもSCにおけるそのような広場の設け方を業界内部から揶揄する、ある店舗設計会社の広告が『ショッピングセンター』（一九七七年臨時増刊号）に掲載されている。そこでは、「広場のない〝S・C〟考えてみませんか。」というキャッチコピーとともに、次のような文章が添えられている。

> S・Cと言えば、すぐ思い浮ぶ言葉のひとつに〝広場〟があります。やれ〝共感の広場〟だの〝太陽の広場〟だの、広場さえつくれば、コミュニティとのつながり、消費者との対話ができるものでしょうか。むしろ、〝広場〟に安易に期待し、それで事足れりとする気持が、逆に消費者との、コミュニティとの遊離を招いているのではないでしょうか。押し着《ママ》せの〝広場〟な

図2-17　美濃部亮吉都知事の発案で、新宿・銀座などで歩行者天国が実施された。写真は銀座の中央通り。（『広場と青空の東京構想——試案1971』）

ど、もうつくらないでおきましょう。広場というのは、あくまで自然発生的なものに他なりません。S・C全体が、〝地域の広場〟であるような、そんなS・Cづくりを心がけたいものです。[*72]

この広告からも、七〇年代のSCにおいて、広場を「コミュニティ」や「自然」という言葉と結びつけながら空間化することが常套手段になっていたことがよくわかる。それだけではない。市庁舎などの公共建築において「官」によって用意されたお仕着せの広場が、SCなどの商業建築において「民」によって用意されたお仕着せの広場へ取って替わられたことへの自己批判と皮肉を読み取ることができるだろう。日本的広場は、七〇年代に商業施設へと埋蔵され、地域の中心になろうとしていったのである。

ところで、広告の最後の一文は、SCのなかに広場があるのではなく、「S・C全体が、〝地域の広場〟」たることが求められると結んでいるが、同時代にSC全体を地域の広場とみなすどころか、地域全体をSCとみなすような商業施設が台頭してきた。これまで社会学や消費社会論において繰り返し言及されてきた「渋谷パルコ」である。

「坂の上」の渋谷パルコ

一九六九年に池袋、一九七三年に渋谷で開業した「パルコ」は、イタリア語で「公園」を意味する。一九七〇年前後のSC誕生ブームの最中にオープンしたパルコも、その名称に自然のメタファーを用いており、同時代的空気を共有しているが、その他のSCとは一線を画すものとしてあった。

よく見られるようなSC内の模擬自然的な環境装置などは、本来ファッションとは関係がない。川や滝はこの願望［自己顕示願望］を満足させるキッカケに過ぎない。むしろファッション環境をつくる最大の装置は人なのである。集まってくる人々が楽しく参加できる劇場空間、非日常的な祭りの空間こそがファッション環境となり得る。ビルのワク内に閉じこもらず、屋内と屋外が渾然とした人々の群れ集うプラザをベースに、近代的都市のファッション環境が創造されてゆく[*73]（傍点＝引用者）。

ファッション環境をつくる最大の装置を人とした戦略、屋内と屋外が渾然とした人びととの群れ集うプラザという言い回しなど、大阪万博のお祭り広場の残響を感じることができるだろう。

ただし、渋谷パルコの場合、渋谷の中心に立地していない点が大阪万博のお祭り広場とは異なる。渋谷駅から約五〇〇m離れた「坂の上」に立地し、ターミナル駅という中心からは外れている。駅を「中心」とするならば、坂の上にあるパルコの立地は「周縁」である。しかし、パルコも商業施設である以上、まず場所を認知させ、大量の人びとを集める必要があった。そこでパルコを率いた増田通二は、「駅から離れているからこそ、新しい環境を生み出せるという逆の見解を打ち出し、ターミナル性に依存しない商業立地開発を始めた[*74]」という。

そのなかでも、増田の肝煎りプロジェクトとして、一九七三年に渋谷パルコの最上階9Fにオープンしたのが、「共感の広場－西武劇場」というフレーズが添えられた西武劇場（現パルコ劇場）であった。[*75]『パルコの宣伝戦略』では、「渋谷パルコは坂道の上にあり人々に遠くあるという印象を与えてはならない。ビルの最上階に劇場を入れ頭を大きく背を高くし、しかも上層階にガラス張り部分を大きく取って、その部分が手前にあるように見えるデザイン[*76]」にすることによって距離感短縮効果を狙い、建物の外装には夜間にも目立つように照明が埋め込まれたことが紹介されている。最上階に劇場を入れるという戦略は、渋谷パルコの空間形態にも反映された。

西武劇場の初期は、こけら落し公演である武満徹の「MUSIC TODAY」のほか、安部公房、寺山修司の作・演出による演目が並んだ。劇場単体としては赤字であり、パルコのその他のテナント収入によって経営を維持している状態ではあったが、増田は「同じ赤でも、きれいな色の赤を出した方がいい。だから、なるべくアピールできる〝チャレンジ型〟の企画でないと、同じ赤でも赤の色が悪いということになっちゃうんじゃないかってことですね[*77]」と語っている。西武劇場をビルの最上階に置くという発想は、演劇と美術館で興行の仕方や入場料を含む収益の上げ方は異なるが、二〇〇〇年代であれば、森稔が六本木ヒルズ・森タワーの最上階に美術館を置くことを英断したことと相通じるものがあるといえるかもしれない。

では渋谷パルコにとって、なぜ演劇の劇場だったのだろうか。何をきっかけに、増田は劇場に照準を定めたのだろうか。単なる文化の発信拠点やイメージ戦略ということであれば、劇場でなくてもよかったはずである。

劇場をやれば、必ず成功する確信をこ、の、事、件で学んだ。渋谷パルコの建設用地は、西武流通グループが取得し、何に使うか未定のまま、駐車場になっていた。まだ渋谷パルコの具体的な構想はなかったが、「いつか劇場を」という発想をこの時から持っていた[*78]（傍点＝引用者）。

増田がいう「この事件」「この時」とは、一九六九年一二月に唐十郎率いる状況劇場と寺山修司率いる天井桟敷が、渋谷で起こした乱闘事件のことだ。同年一月、東京都と商店街による新宿浄化運動によって新宿・花園神社境内を追われていた状況劇場は、新宿西口公園でゲリラ的に紅テントを張り、機動隊に囲まれるなか公演を決行。上演後、唐らは都市公園法違反で現行犯逮捕され、「新宿西口公園事件」として広く知られていた。その状況劇場は渋谷金王八幡宮にも紅テントを張っており、同じ渋谷の並木橋に劇場を構えた天井桟敷とのあいだで、互いの旗揚げ公演に葬儀用の花輪を贈ったことをめぐって乱闘事件を起こし、唐や寺山らが現行犯逮捕された[*79]。

増田は、都市の外部空間でゲリラ的に繰り広げられていた反体制的なアングラ演劇が持つダイナミズムに触発され、渋谷パルコの最上階に西武劇場をオープンさせたのである。旧制高校時代から演劇に力を入れていた増田にとって、「渋谷パルコの成否のカギを握っているのが劇場だと思っていた[*80]」と言わしめるほど、西武劇場は重要な位置を占めていた。

ただし、西武劇場は単に演劇を見るためや劇場文化の向上のためのハコとしてあったのではない。増田は、「パルコの中に劇場があるのではなく、劇場の中にパルコがある[*81]」のが基本理念だとする。ファッションビルであるパルコが仕掛けた西武劇場は、あくまで「ファッション環境づくりのための装置」として位置づけられた。

ファッションビジネスが志す劇場とは、極言すれば、舞台を観客側に引っぱり込み、客に自らが主役であると感じさせ、心を燃やすような芝居小屋としなければショッピング環境としての意味がない。（中略）西武劇場のスタートは、演劇よりもショースペースとして捉えられていた。ファッションビルを、単に衣料品を買う場だけでなく、自分のファッションを人に見せ、同時に人のファッションを見る場と捉えるパルコの基本コンセプトを具体化するためにも、ファッションショーという企画を連打する場が必要だったのだ。[*82]

実際に、西武劇場ではイッセイミヤケ、森英恵など数々のファッションショーが企画されたが、ファッションを通じた「見る・見られる」場と関係づけた空間演出は、ファッションビルという建物内部のみへの適用にとどまらなかった。舞台と観客の境界線を取り払ったように、建物の内と外との境界をも取り払うべき対象と見なしたのである。このコンセプトは、渋谷パルコ1Fに設けられたガラス張りの「カフェ・ド・ラペ」――三浦展いわく、日本で初めての、街路に面したガラス張りのカフェ[*83]――にもよく表われている（図2－18）。

鳴海邦碩によれば、そもそも複合商業ビルでは、街路や路地に沿って配置されていた諸店舗が立体的に構成されることになるため、複合商業ビル内の通路は、街路や路地の性格を帯びやすい。また百貨店と異なり、テナントが床を区分所有もしくは賃借しているため、複合商業ビル内の通路は百貨店の通路に比べて、オープンで公共的な性格を強くもつ。[*84] ただし、渋谷パルコの場合、街路性や路地性の演出は店舗内部にとどまらなかった。

興味深いことに、増田が渋谷で初めて経験した商売は、道玄坂でリヤカーを引っ張って営んだ露天商の古本屋である。[*85] この時の経験がパルコを中心とした街づくりに役立ち、後述するようにパルコでは「フリーなバザールを創出することに力を注いできた」[*86]という。公園通りのスタートにあたっては、「通りのすき間というすき間で、バザールなどのにぎわい状況を創出する」試みとして、西武広場、万国ボロ市・バラ市、ウォールペイントや公園通り彫刻展などが催された[*87]（図2-19、20）。いわば、公園通りという道を広場化していったのである。

図2-18　渋谷パルコ PART1のカフェ・ド・ラペ店内。写真奥はガラス張りとなっていて、街行く人が見える。通りに面したガラス張りのカフェとして初めての店。（『ショッピングセンター』1973年7月号）

ここで日本的広場に関する、日本は「道の文化」であり、道を広場化してきたとする言説を思い返してもらいたい。一九六〇年代後半から七〇年代にかけて、道を商業空間として見立てようとする志向は、実はパルコに限ったことではなかった。[*88]

建築家であれば、黒川紀章がやはり西欧「広場の都市」に対する東洋の「道の都市」という対立図式を持ち出し、「道の建築化」という概念

図2-19（上）　西武広場・弘法市の風景。（『アクロス』1983年7月号）
図2-20（下）　渋谷パルコと東京山手教会に挟まれた敷地でのイベント。（『パルコの宣伝戦略』）

を提示していた。黒川は、京都などを例に、「道は市民生活の場であり、住空間の延長として、人びとの生活空間を都市へつなぐ場」であって、道は交通と生活、建築と都市がそれぞれ二元論ではなく共存する場であるという。[89]そして、建築家としては、「今度は逆に人間が動く空間をいかに建築化し、いかに生活空間としてとり込んでいくか」という「道の建築化」がテーマとなるとした。[90]菊竹清訓も槇文彦らとの座談会において、「槇さんのことばを使えば、都市の界隈というのは、一番ショッピング向きにできあがっているんだと思うんです」[91]と発言している。この時期、黒川がBIG BOX高田馬場（一九七四）や青山ベルコモンズ（一九七六）、菊竹が西武大津ショッピングセンター（一九七六）などの商業施設の設計を多く手掛けたことは偶然ではないだろう。

　商業施設のプロデューサーである浜野安宏や望月照彦らも、道や界隈をキーワードとした言説を精力的に展開した。浜野は、「通路からみちへ、みちから広場へ、界隈へ」[92]というフレーズを掲げた。望月は、人間が集まって街ができる「賑わい」や人間が歩ける街を重視し、人の目でもって歩行し思考する「道具あるいは位置＝ポジションというものは、〝道の空間〟なのであり、拡がりとしては〝まち〟なのである」[*93]と指摘した。一九七〇年代は、道を広場化してきた日本的広場の空間形態が、流通・開発業者との蜜月を過ごし、商業施設に埋蔵されていった時代だったのである。

話がそれこそ横道にそれてしまったので、渋谷パルコに話を戻そう。駅から離れた立地の渋谷パルコにとっては、集客のうえでも、まずは店舗という「点」を、通りという「線」へ展開していくことが先決であった。よく知られているように、渋谷パルコオープン時のキャッチコピーは、「公園通り　すれ違う人が美しい」。区役所通りを「公園通り」と命名し、公園通りの歩道を二mずつ拡幅し、植え込みやベンチなどを設置した[*94]。「ファッションが一種の演出だとすれば、公園通りは舞台である。もちろん主役は『私』である」[*95]と位置づけた渋谷パルコは、まずは公園通り一帯を、後に渋谷という街を「見る・見られる」の関係を享受する舞台装置として「広場化」しようとしたのである[*96]。

西武百貨店が渋谷に進出した六〇年代後半から渋谷パルコが開業した七〇年代前半まで、公園通り（区役所通り）一帯には、連れ込み宿やホルモン屋が立ち並ぶような光景が広がっていた。ところが、渋谷パルコが開業する前年の一九七二年から一九七九年までのあいだに、公園通りの小売店数は四・五倍、飲食店数は三倍に増加し、坪単価はパルコが開業した翌一九七三年からの一〇年間で、一〇八万円から四七八万円へと四倍以上上昇した[*97]。渋谷の街イメージ調査（一九七九年朝日新聞社調査）では、渋谷のイメージを代表する「通り」のうち、一位が公園通り四一・一％、二位はハチ公前三二・七％、三位は道玄坂一七・八％となり、「ハチ公を抜いた公園通り」という見出しも踊った[*98]。

渋谷パルコは、公園通りの「坂の上」という立地の悪条件をよそに、大量の人びとを集める集客装置として大いに機能し、周辺への経済波及効果ももたらした。渋谷パルコが、「坂の下」にある西武百貨店から「坂の上」まで人びとを上らせる集客装置だとするならば、西武百貨店とパルコは、百貨店でいえば、地下に食料品売場を置いて上階への人の流れをつくり、上階に催事場などを置いて下階への人の流れをつくる「噴水効果とシャワー効果」、SCでいえば、両端に集客力のあるテナントを置いて客にモール内を回遊させる「マグネット効果」の関係にあった。また、「公園通り」という道を広場化していくという渋谷パルコの空間戦略は、人の動きや流れに応じて広場化する日本的広場の特性を商業空間の文脈へ置き換えたものだともいえる。

パルコは、渋谷における空間戦略の時期について、一九六九〜七二年までの第Ⅰ期を「駅前拠点開発」、一九七三〜七六年の第Ⅱ期を公園通りやスペイン坂（一九七五）などの「線開発」、一九七七〜八〇年の第Ⅲ期を「面開発」、一九八一年以降の第Ⅳ期を「広域・重層開発」と区分している。第Ⅲ期では、パルコ PART2 のデザイナーズビルへのリニューアル（一九七七）のほかに、東急ハンズ（一九七八）もオープンし、公園通りの北側のファイヤー通り、井ノ頭通りからパルコに抜けるスペイン坂などのストリートも注目され始めるようになった。パルコは「点→線→面」へと開発を進め、公園通りゾーンは「楽しく歩ける街」から「楽しく過ごせる街」へと、線から面への発展を遂げていった。[*99]

ここで、先に引用したお祭り広場についての丹下による「ここから派生して幾つかの小さな広場とか、あるいは道とか、そういうものが出ておりまして、いろいろな形で人々が集まる場所になる」という発言を思い起こしてみよう。大阪万博の会場基本計画になぞらえるならば、渋谷パルコの店舗は「お祭り広場」、パルコ系列であれ非パルコ系列であれ周辺の店舗は「パビリオン」、公園通りやスペイン坂などのストリートは「シンボルゾーン／パビリオン／ゲートをつなぐ動線」に相当する。あたかも大阪万博の会場計画の手法が、渋谷において相似形をなして具現化されていったといえないだろうか。いや、パルコは、渋谷という街全体を広場と見立てた空間演出をしてきたと言っても過言ではない。

このように、パルコは七〇年代から八〇年代にかけて、「点→線→面」へと開発を積み重ねていった。ただし、ここでいう面とは、都市計画的な範疇に限定されたものではない。七〇年代は、『anan』（一九七〇年創刊）や『nonno』（一九七一年創刊）などのファッション誌、都市で起きているイベントにフォーカスした『ぴあ』（一九七三年創刊）などの情報誌が創刊された時代でもあった。すなわち、面としての渋谷には、ファッションによる若者たちのセグメント化、雑誌の特集によって切り取られ、縁取られた都市のイメージが重層している。

吉見は『都市のドラマトゥルギー』のなかで、七〇年代の渋谷におけるパルコの空間演出に言及し、「人びとは、都市空間の提供する舞台装置や台本に従って、すでにその意味を予定された役割を場面ごとに〈演じて〉いくことで、逆に他者たちとのコミュニケーションのコードを共有」[*100]するようになったと述べた。そして、六〇年代の新宿に集まる若者たちが「触れる＝群れる」という身体感覚を醸成していたのに対して、七〇年代の渋谷に集まる若者たちは、消費社会やマスメディアの論理によってセグメント化された小集団に分化しながら、「見る・見られる」（＝演じる）という身体感覚を享受するようになったと指摘した。

なるほど、六九年の新宿西口地下広場や新宿西口公園の状況劇場など、「七〇年前夜」という文脈を踏まえるならば、新宿西口公園でゲリラ的に行われた反体制的な演劇のダイナミズムは、イタリア語で公園を意味するパルコという商業施設に埋蔵されることになったということができるかもしれない。カウンターカルチャーをメインカルチャーである資本や体制側が囲い込み、文化の商品化をはかったと。本章における広場の文脈に則していえば、広場は「政治の場」から「消費の場」へ取り込まれていったと。

カウンターであるジレンマ

しかし、ここではそのような一方向的な図式に還元してしまうのではなく、パルコを含むセゾンを率いた堤清二／辻井喬を召還しながら、「政治の場」と「消費の場」の際《キワ》で、何が起きていたのかを確認しておきたい。

なぜなら、第1章で詳しく述べられているとおり、「バブル前夜」までの商業建築には、公共建築、計画、体制側を「システム」とするならば、それらのシステムを逸脱し、乗り越えようとするアナーキーな「反システム」的側面があり、パルコはその代表格だったといえるからだ。パルコは、商業建築のなかでもとくにアナーキーな反システム的存在であった。というのも、東京という都市や商業施設の歴史において、銀座や百貨店を「中心《センター》」とするならば、後進の渋谷は「カウンター」であり、百貨店でもなく渋谷の駅からも遠い「坂の上」にあるパルコは、そのカウンターのさらにエッジにあたるからだ。[*101]
ただし、堤／辻井は自らの立場を、「正統なき異端」と位置づけている。[*102] また、サブカルチャーをメインカルチャーのサブだとするならば、「メインカルチャーに対して抵抗する、しかしサブではない」カウンターカルチャーに肩入れしてきたという。[*103] それゆえ、パルコは演劇やファッションはもちろん、「メセナ」や「新しい公共」という言葉がなかった七〇年代から、評価の定まっていない若手デザイナーやクリエイターを育成、支援する場を用意してきた。セゾングループとしては、セゾン美術館、アール・ヴィヴァン、WAVE、リブロ、パルコ出版など、美術、音楽、映画、出版に至るまでの多角的な文化事業（文化戦略）を展開した。大阪万博以後、堤／辻井の周りには、デザイナー、カメラマン、コピーライターなどが集まってきたという。[*104] 大阪万博以後、日本では前衛芸術は骨抜きにされ、セゾン文化のような形でしか成立しえなかったということもできるかもしれないが、セゾン文化が、資本主義・自由経済と文化・芸術の緊張関係を考えるうえでの重要な参照点となっていることは間違いない。
永江朗は、セゾン文化について、堤／辻井をトップとするピラミッド型の指揮命令系統ではなく、「堤／辻井と彼のまわりに集まってきた、スタッフやクリエイター、芸術家、批評家、観衆、そして消費者、すべてが、《セゾン文化》の名のもとで、少しずつ違った夢を見ていた」、「壮大な同床異夢」だったのではないかと指摘している。[*105] セゾン文化とは、トップダウンの垂直型ではなく、外部にも開かれた水平型のネットワーク関係によって展開される場であろうとしたのである。[*106]
興味深いことに、堤／辻井自身に、社会主義や「共同体」への両義的感情が見え隠れする。たとえば、三浦との対談では、バラバラな個人と古い拘束的な共同体の中間について模索している。[*107] また永江は堤／辻井が、音楽の聴き方を個人化し、音楽を共同体的なものから個人的なものへと変容させたウォークマンに対して辛辣な評価をしていたことに言及している。[*108]

かつて堤／辻井は、「第二次大戦後の我が国において、共同体はずっと特別な、不利な扱いを受けてきた概念であった」[*109]と述べ、社会主義社会にこそ自由な人間のユートピアを見ようとしていた。ユートピア思想が、他者を排除し、ファシズムやスターリニズムや大東亜共栄圏などを生んだ危険性を認識しつつも、市場経済を基礎にした自由主義社会が幸福なのかについてたえず懐疑的だった。

それゆえ堤／辻井は、デビッド・リースマンの『孤独な群衆』よろしく、消費社会は群集の孤独化と共同体の消滅をもたらしたと嘆いてみせ、「人間は共同体を求めずにはいられない生き物である」[*110]とした。堤／辻井のいう共同体とは、固定された同質性の高い、村落共同体や会社共同体などではないことは言うまでもない。自立した強い個を前提としながらも異質な他者に開かれ、流動的でありながらも共通の関心・志向による帰属意識によって結びついた「アソシエーション」と言った方がよい——会社の組織運営にとっては人材のスクラップ・アンド・ビルドと紙一重である。そのアソシエーションが集う場を理想としたのがセゾンの多角的な文化事業であり、堤／辻井は、セゾンという文化を媒介として、スタッフ、クリエイター、批評家、消費者を横断しながら水平型のネットワークが形成されることを夢みたのではないか。

パルコに関しても、増田が『パルコの宣伝戦略』の巻頭文で次のように述べている。

パルコは、「PARCO」（広場・公園）という名を冠していることからも言えるように、多分にパブリックな性質を内包している。クリエイターやテナント、若者らがこの「広場」に結集しているのである。（中略）一商業施設として孤高を持するのではない。さまざまなものの参加というクロスオーバーな状況のなかで何が生まれてくるのか——そのための条件をセットしてゆくのがパルコの役割である。言うなれば、パルコはひとつの共通スペースのオルガナイザーである。（中略）パルコはこのような共通スペース、すなわち「フリーなバザール」を創出することに力を注いできた[*111]（傍点＝引用者）。

増田のいう「広場」や「共通スペース」とは、国家や行政の公領域におさまるものでもなければ、民間の利己主義的な私領域におさまるものでもなく、それらが交わる共領域である「コモン」の発想を先取りするものだった。ただし、共通の「趣味のよさ」によって結びつけられたコモンは、誰にでも開かれているわけではなく、排他性を帯びやすい。なぜなら、その他大勢の大衆と同じであっては意味がなく、他者との差異化が不可欠だからだ。このことは、消費者に則して考えた方がわかりやすい。

東は青山・六本木、西は代官山・二子玉川に至る246ゾーンを顧客ターゲットとする渋谷パルコが設定した消費者像は、「自立した消費者」や「強い消費者」であり[*112]、なかでも「一九歳から二九歳までの独身ないし共稼ぎ女性[*113]」であった。そこには、消費の拡大による社会の平等化や、既存の男性中心主義的なメインカルチャーに対するカウンターとしての女性の解放という思想が垣間見える。消費をとおした自己実現といってもよい。堤／辻井が自己批判でもある『消費社会批判』のなかで強調していたことは、「消費」概念の脱構築の必要性だった。市場という関係を構成する記号であり、巨大な生産システムに組み込まれた機械的動作である狭義の消費ではなく、「消費の記号化を排除し、自己完成、自己成就としての消費という概念を形成しなければならないのではないか」[*114]と。しかし、「政治の季節」後の七〇年代、「自己完成、自己成就としての消費」と、自己表現形式であるファッションを結びつけた戦略こそが、パルコが「成功」をおさめ、消費社会の象徴とされてきた所以であることは変わりない。

「カウンターカルチャーはいかにして消費文化になったか」という副題をもつ著書『反逆の神話』において、ジョセフ・ヒースとアンドルー・ポターは、次のように述べている。

消費主義が本物の自己実現の追求への文化的な執着と結びつけば、多数の消費の罠に集団として囚われた社会が到来する。（中略）消費主義が栄えているのは、いろいろな意味で主要な政治的理念——自由、民主主義、自己表現——に身近に、個人的に、すぐ満足がいくように、かろうじて携わっているからだ。民主政治は、理論的には素晴らしく思えるだろうが、その実践はショッピングにはかなわない。消費者主権ほど望ましい主権はない。[*115]

これは政治的理念が、消費財をとおした自己実現という私的な次元へと縮減され、社会的連帯や社会運動の組織化への回路が閉ざされるようになったことへの批判である。ヒースとポターは、カウンターカルチャーこそが消費主義の推進力となってきたと主張する。既存の社会への服従や順応を拒むカウンターカルチャーは、差異化を追求するがゆえに、消費主義を加速させるからだ。そして、みながカウンターカルチャーに加われば単一文化になってしまう以上、誰もがそちら側に回ることができないカウンターカルチャーは、必然的に排他性を帯びると指摘する。[*116]

渋谷パルコも、誰にでも開かれた商業施設として位置づけられていたわけではない。望月が公園通りの開発に関して取材した際、増田は「私は逆にこの通りに集まる人たちを制限することを考えているのですよ」と発言していたという。[*117]「「現にある客」から「ありうべき客」へ」[*118]という表現にもみられるように、消費者を選別し、ファッションや文化戦略によるセグメント化をはかってきたのである。

しかし、八〇年代以降、世の中が好景気に浮かれ、バブル期に突入すると、パルコの文化戦略の劣化コピーや空間戦略のフォロワーがあちこちで生まれ、商業施設のテーマパーク化が進んでいく。もはやパルコにとってそれらとの差異化は機能しにくいものとなった。

堤／辻井自身、パルコ文化について、「あまりにも受けちゃったもんだから、カウンター・カルチャー的な要素が弱まって、軽いノリの方ばかりが広がったという面がある」[*119]と振り返るように、システムや体制を父とするならば、父殺しが父になり、カウンターがメインや中心にさせられてしまうというジレンマは逃れ難いものだった。セゾンおよびパルコにとって、「正統なき異端」であり続けることを社会は許さなかった。

堤／辻井は「八〇年代に入って、マーケットと自分の感覚との乖離が進んだ」[*120]と述懐し、「渋谷のパルコ通りへ行ってみることだと私は思う。（中略）それは消費社会と呼ばれている社会なのである。そこに美しい人、美しい顔というものはない」[*121]とさえ述べている。ここでいう美しい人とは、「自立した消費者」や「強い消費者」と言い換えてもよいだろう。かつてのキャッチコピー「公園通りすれ違う人が美しい」を真っ向から否定するかのような発言である。

行くたびに渋谷の街が汚くなっている。「これはパルコ文化の影響だ」と言われたりする。それで、はてな、私はこういう汚い街を望んだのだろうかと思うのです。[*122]

八〇年代以降の渋谷の街の汚さに向けられた堤の嘆きは、散乱するゴミや入り乱れる看板などの物理的な景観の醜さというよりも、渋谷という街が良くも悪くも、「ありうべき客」に限らない誰にでも開かれた場となっていったこと、すなわち、ファッションや街が持つセグメント効果に着目し、それを利用してきたパルコの空間戦略が機能しにくくなった事態を指し示しているといえよう。

渋谷スクランブル交差点の再舞台化——下流化する渋谷

外国人観光客の増加

では八〇年代以降の渋谷はどのような変化を遂げ、現在はどのような姿かたちを見せているだろうか。八〇年代から九〇年代にかけての渋谷の変遷やその位置価については、北田暁大の『広告都市・東京』において詳述されているので、ここでは同書の要点に言及したうえで、主に二〇〇〇年代以降の渋谷に再び日本的広場という切り口から迫ることにしたい。

北田は、吉見による渋谷の舞台性をめぐる議論を踏まえ、インターネットやケータイが普及した九〇年代半ば以降、人びとは都市を見流すようになり、「見る・見られる」のまなざしの緊張関係は弛緩していったと指摘した。すなわち、渋谷の舞台性としての機能は失効し、渋谷の「脱舞台化」が進んだと。裏原宿やキャットストリートの台頭によって原宿越境型と呼ばれる遊歩パターンが生まれる一方で、109やセンター街周辺に若者がたむろするようになったことも、公園通りを軸とした記号的で物語的な空間演出の失効、すなわち渋谷の「脱舞台化」に拍車をかけたという。そして、渋谷は「その固有名がもたらすイメージによって人びとを引き寄せる舞台としてではなく、情報量・ショップの多さというなんとも色気のない数量的な相対的価値によって評価される「情報アーカイブ」として機能[*123]」するにすぎなくなったとしている。渋谷は、あくまで情報アーカイブとして、ケータイのコミュニケーションを継続するためのネタが豊富な都市にすぎなくなったのだと。渋谷を語れば東京を語った気になれるという時代は終わった[*124]。九〇年代以降、渋谷を語ることは、もはや渋谷を語ることに積極的意義がなくなったと語ることにおいてのみ意義があったといえるかもしれない。

しかし、Q-FRONT（一九九九）や渋谷マークシティ（二〇〇〇）などの開業を経た二〇〇〇年代以降、渋谷は「スクランブル交差点」を中心にそれまでとは異なる様相を見せはじめる。そのこと

図2-21（上）　海外からの観光客に人気のスポットにもなっている渋谷スクランブル交差点。
図2-22（下）　渋谷マークシティへの連絡通路は、渋谷スクランブル交差点の撮影ポイントにもなっている。（いずれも撮影＝編集部）

を象徴する現象として、まずは訪都外国人観光客の増加を挙げたい。二〇〇〇〜二〇〇三年までは二七〇〜二九〇万人台だった訪都外国人旅行者数は、二〇〇四年には四一八万人、二〇〇七年には五三三万人、二〇一〇年には六〇〇万人に迫るまで増加した（東京都『東京都観光客数等実態調査』）。

この背景には、国が二〇〇三年から開始した「ビジット・ジャパン・キャンペーン」、東京都が一九九九年から開始した「Yes! Tokyo キャンペーン」や二〇〇一年の『東京都産業観光振興プラン』の策定など、観光立国に向けた、国や都の観光施策の強化がある。二〇〇八年には観光庁が設置され、二〇一〇年代に入ってからも、中国やタイなど、主にアジアを対象として、各種産業分野への経済波及効果を狙った観光ビザの免除・緩和などが進んでいる。

このように二〇〇〇年代以降急増した訪都外国人観光客が都内で「訪問した場所」を、「国別外

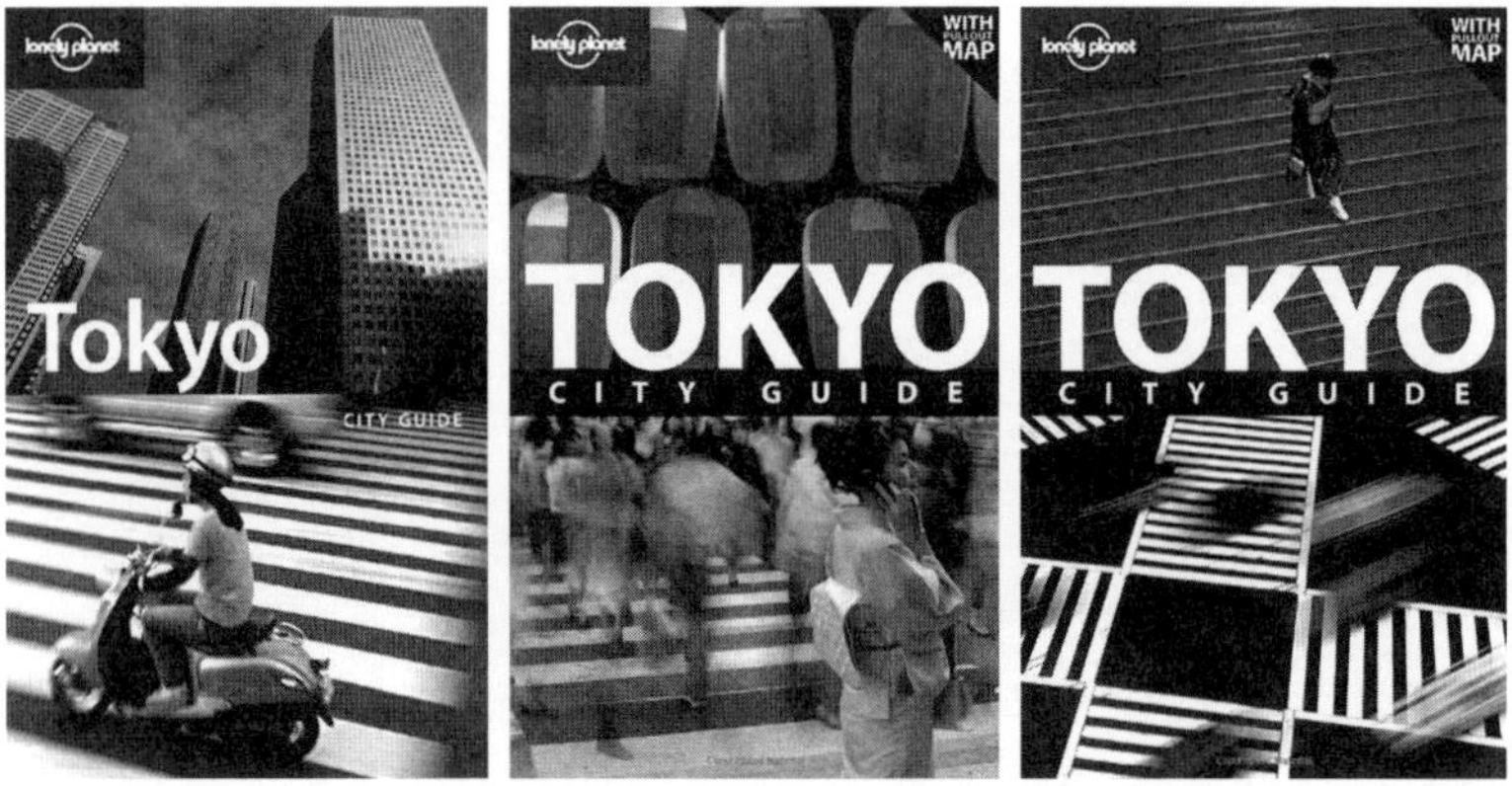

図2-23 『lonely planet』の表紙にもたびたびスクランブル交差点が登場する。左から2006、08、10年。

国人旅行者行動特性調査」（東京都産業労働局）で見てみよう。二〇一二年度は渋谷四二・五％、新宿四一・八％、銀座三八・一％と、渋谷が一位になっており、それ以降も渋谷は新宿・大久保、銀座、浅草と並んで上位に入っている。「一番期待していた場所」でも、渋谷が多くの国籍・地域で三位以内に入っている。これらの流れを受け、渋谷では二〇一二年に、「国際文化観光都市・渋谷SHIBUYA」の実現を目指した官民協同による渋谷区観光協会が発足した。ハチ公前広場の東急車両を改造した観光案内所では、英語、中国語、韓国語の観光マップを配布し、英語で会話のできるスタッフが常駐するようになった。

　次に、外国人向けの東京の旅行ガイドブックを見てみよう。世界最大の発行部数を誇る『lonely planet』の『Tokyo City Guide』は、二〇〇六年、二〇〇八年、二〇一〇年版と、渋谷スクランブル交差点を直接的に示したものではないが、隔年で表紙にスクランブル交差点の写真を採用している[*125]（図2-23）。また観光庁観光地域振興課が二〇一四年に発表した「SNS等を利用した訪日外国人の意識分析報告書」における、訪日外国人の Twitter 投稿内容（英語に限定）を分析した結果によれば、もっともツイートされた都市名は「渋谷（Shibuya）」で、渋谷に関連して投稿された単語の一位は「スクランブル交差点（Crossing）」だった。

このように外国人観光客にとって「渋谷」という都市名、なかでも「渋谷スクランブル交差点」の注目度が高いことがわかる。スクランブル交差点では、外国人観光客が時に何往復もしながら、時に立ち止まりながら写真撮影を楽しんでいる様子を頻繁に目にする。彼らはどこか他の場所へ行く通過点としてスクランブル交差点を訪れているというよりは、スクランブル交差点自体を目的地として訪れているのだ。

たしかに北田が指摘するように、九〇年代以降、日本人にとっての国内における渋谷という場所の特権性は弱まったかもしれない。[*126] 二〇〇〇年代には、それまで郊外のロードサイドに展開していたヤマダ電機や洋服の青山が渋谷へ進出するなど「渋谷の郊外化」が進んだ。一方、柏や大宮などの郊外では、「プチ渋谷」と称されるように、渋谷でも見られるようなカフェやショップができ、若者が渋谷までわざわざ足を運ばずに地元で充足する「郊外の渋谷化」が進んだ。渋谷的なるもののコピーが各地で生まれるなか、かつてのセゾン文化のような文化発信地としての威光は薄れ、渋谷は東京および国内における特権性を失っていったといえよう。しかし、上記の外国人観光客のように、海外からのまなざしを視野に入れるならば、渋谷の特権性は失われたどころか強化されたといえないだろうか。

しかも、二〇〇〇年代以降の渋谷の復権は、海外からのまなざしの強化によってのみもたらされたわけではない。外国人観光客の増加に加え、渋谷スクランブル交差点が国内で注目を集めるようになった象徴的な出来事に、二〇〇二年の日韓サッカーW杯がある。[*127] 日韓サッカーW杯の日本代表戦の勝利後、渋谷スクランブル交差点には多くの若者が集結し、ハイタッチを交わしながら交差点を行き交いし、応援コールを叫んだり、信号機によじ上ったりするなどの行動に出た。警官が出動して警備にあたるなどの騒動となった。普段は何もない交差点が、若者たちによって新たな使い方を発見され、一時的に「広場化」したのである。

今やサッカー日本代表戦の後に、ユニフォームを着た若者たちがスクランブル交差点に集まり、ハイタッチを交わしながら交差点を横断する光景は定番化したといってよい。[*128] 二〇一三年のW杯アジア予選で日本代表がW杯出場を決めた試合後には、渋谷スクランブル交差点で騒ぎ立てる大量のサポーターに対して、ユーモアのある話術で注意喚起をする警視庁機動隊員が現れて話題となり、「DJポリス」という呼称が生まれた。年末のカウントダウンや後述するハロウィンのような商業色の強いイベントでも、大量の人びとが「見る・見られる」ことを意識して集まり、各種メディアが注目する場所として渋谷が選ばれる。

ただし、渋谷というエリア全体が、舞台性や面的な回遊性を取り戻したわけではない。あくまで大量の人びとが集まる範囲は渋谷スクランブル交差点周辺にとどまっている。ハチ公前広場ではなく、渋谷スクランブル交差点が「触れる＝群れる」場所としても、再び「見る・見られる」場所としても「広場化」するようになったのだ。

ここまでを、七〇年代のパルコという商業施設によって空間演出がなされてきた渋谷の舞台化の文脈に沿ってまとめるならば、次のように整理することができる。

- 一九七〇～八〇年代／舞台化／渋谷パルコ、公園通り
- 一九九〇年代／脱舞台化／109、センター街、裏原宿
- 二〇〇〇～一〇年代／再舞台化／渋谷スクランブル交差点

七〇～八〇年代は、公園通りという「坂の上」にあったパルコまで多くの人が足を運んだ。しかし、九〇年代以降は舞台装置としての機能が弛緩することによって渋谷は脱舞台化していった。109やセンター街周辺の台頭によって、人の流れは、「坂の上」から「坂の下」に向かうようになった。渋谷は、階層的な意味ではなく、文字どおり「下流化」した。そして、二〇〇〇年代以降は、「坂の下」に位置する渋谷スクランブル交差点が再舞台化するようになった。渋谷スクランブル交差点にみる再舞台化とは、そこに集まる人びとのあいだで「触れる＝群れる」という身体感覚と「見る・見られる」という身体感覚の両方が共有されている事態を指す。ただし、次項以降で述べるとおり、これらの身体感覚は、六〇年代の新宿の「触れる＝群れる」とも七〇～八〇年代の渋谷の「見る・見られる」とも異なる。

日本的広場の現在形

ではなぜ、人びとは都内の他の場所ではなく、わざわざ渋谷スクランブル交差点を選んで訪れるのだろうか。渋谷スクランブル交差点の再舞台化といっても、そこに集まる人びとが、七〇～八〇年代のパルコのような特定企業によって演出された舞台装置の物語性に従い、互いに「見る・見られる」関係を享受するような場を成立させているわけではない。北田による「数量的な相対的価値によって評価される「情報アーカイブ」」という指摘に接ぎ木するなら、渋谷スクランブル交差点には、膨大な数が行き交う人の「量」とそれを許容する巨大空間の「規模」という条件が保証されていることが理由としてまず挙げられるだろう。

藤村龍至は、情報化の進展にともない、都市における物理空間と情報空間の二層化が進む一方で、物理空間においては商業施設やイベントが「巨大化」し、情報空間では担保されない「テクスチャやスケールなど人間の身体感覚を直接刺激する「空間的熱狂」や目的外の行為に出会う「遭遇可能性」の追求」がなされるようになったという。[*129] ショッピングモール、東京ビッグサイトや幕張メッセなどの国際展示場におけるコミックマーケットや音楽フェスといったメガイベントがその例である。同様に、渋谷スクランブル交差点も、物理空間の「規模」、そこに集まる群集の「量」ともに巨大・莫大であり、「空間的熱狂」を身体的に味わうことができる場所と見なすことができる。

渋谷スクランブル交差点は、一回の横断で約三〇〇〇人、一日で三〇～五〇万人以上が行き交う。群集は多方向性を持ちながら雑然と行き交っているように見えて、信号の切り替えが、群集の動きを制御し、一定のリズムと秩序をもたらしている。田村圭介が「四十五秒間の広場」と呼んだように、[130]約四五秒間の青信号の間だけ人があふれ、赤信号になると人が消えて、横断歩道のテクスチャが露になるというリズムが反復されている。一時的ではあるが、渋谷スクランブル交差点は人間だけが占拠する空間となる。

数十万人が日々行き交う渋谷スクランブル交差点では、サッカーW杯やハロウィンなどの非日常的なイベントのみならず、日常的にメガイベントが整然と繰り広げられているようなものである。多方向性を持つ数千人とすれ違いながら渋谷スクランブル交差点を横断する経験は、他の場所ではなかなか味わえない高揚感を身体にもたらす。渋谷スクランブル交差点が集まる場所として選ばれる理由には、このような群集の「量」を許容する空間的「規模」を、日本的広場ならではの空間形態として兼ね備えていることが大きく関係している。

では、渋谷スクランブル交差点の空間形態とはどのようなものか、より具体的に見ていくことにしよう。渋谷スクランブル交差点は、道玄坂や宮益坂などの坂道が交差してできた、すり鉢状の谷底に位置する。四本の横断歩道が四角形を形づくり、その四角形を対角線状に走ったもう一本の横断歩道が、ハチ公前広場とQ-FRONTを結び、計五本の横断歩道がある。ケヴィン・リンチが『都市のイメージ』で用いた言葉でいえば、渋谷スクランブル交差点は、複数のパス（道）が交わるノード（結節点）かつランドマークであり、イメージアビリティ（イメージしやすさ）の高い場所になっている。[131]また渋谷スクランブル交差点には、周囲が建物で囲まれた「包囲性」があり、二〇〇〇年を境としてQ-FRONTや渋谷マークシティができたことで「包囲性」はさらに高まった。赤信号で立ち止まることを余儀なくされるため、渋谷スクランブル交差点周辺は歩行者によって見られる対象となりやすく、「包囲性」を視覚的にも感得しやすい。このように、すり鉢状の谷底に位置し、周囲が建物に囲まれたアリーナのような渋谷スクランブル交差点は、空間形態としては、西欧的広場の形状をなしている。[*132]

しかし、スクランブル交差点はあくまで交差点である。信号待ち以外、人びとはスクランブル交差点を通り過ぎるだけであり、そこに滞留することは想定されていない。すなわち、広場の使用のされ方や発生の仕方という社会形態としては、移動の要所や交差点として発展してきた日本的広場の特性を兼ね備えている。つまり、渋谷スクランブル交差点は、大阪万博のお祭り広場と同様、空間形態としては西欧的広場であり、社会形態としては日本的広場というハイブリッド型の広場なのだ——お祭り広場もすり鉢状の低い位置につくられていた。

しかも、Q-FRONTや渋谷マークシティ2Fの連絡通路は、ガラス張りで視覚的に透過性の高い空間になっている。これら透過性の高い空間があることで、スクランブル交差点を観客の立場になって見下ろすことができる。Q-FRONT 2Fにあるスターバックスや渋谷マークシティの連絡通路は、スクランブル交差点全体を眺めてカメラに収めることのできる、恰好の写真撮影スポットになっている。

一方、渋谷スクランブル交差点を歩いている時には、人びとは見る側から見られる側へと反転する。本人が意識しているか否かにかかわらず、人びとは渋谷スクランブル交差点を横断する際、渋谷スクランブル交差点という舞台の演者となっている。観客‐演者、すなわち「見る・見られる」の関係が、特定企業の演出による舞台装置の物語性を共有することなく展開されているのだ。

渋谷スクランブル交差点の「包囲性」は、建物によって囲まれていることによってのみ成立しているのではない。渋谷スクランブル交差点には、Q-FRONTを含め、計五面の巨大屋外ディスプレイがあり、大音量と大迫力の映像が入れ替わり立ち替わり、流れ続けている。[*133] 渋谷スクランブル交差点を通ると、それら大音量の音に包まれる経験を味わう。このように、渋谷スクランブル交差点の「包囲性」は、大音量のサウンドスケープによっても構成されている。

従来、Q-FRONTに関しては、建築としての物理的な存在感が希薄であるとか、渋谷という舞台装置を象徴するランドマークとしての自意識が足りないと指摘されてきた。Q-FRONTの開発コンセプトには、「『不在建築』とし、デジタルとアートとの融合により、建物自身が主張を持つのではなく、その中で表現され、制作されるコンテンツなどがビルを皮膜のように覆い込むことをテーマ」[*134]とすると書かれている。建物よりコンテンツが主役というわけだ。

なるほど、Q-FRONTは、渋谷スクランブル交差点において、独立したランドマークとして機能しているわけではない。しかし、Q-FRONTはハチ公前広場の対角線上に面するがゆえに、人々の視認度がもっとも高い建物（より正確を期して言うなら「映像の壁」）である。そして、周囲の建物と断続的でありながらも空間的囲いをつくり、透明なガラスによって覆われた巨大なファサード兼ディスプレイに映し出されるスペクタクルな「映像の壁」が、渋谷スクランブル交差点のさらなる「包囲性」を形成し、渋谷スクランブル交差点という日本的広場のシンボルとなっている。

そのことを裏づける材料として、メディア上に流通する渋谷スクランブル交差点のイメージについても見ておこう。坂道や道路が交差する渋谷スクランブル交差点は、空間の見通しがよく、テレビカメラの引きをとりやすい。NHK放送センターが渋谷に位置することに加え、Q-FRONTの地下出入口の屋根の上にはカメラが何台も設置されており、渋谷スクランブル交差点は、天気予報コーナーをはじめ、テレビで頻繁に取り上げられるお決まりの場所となっている。

インターネットではどうか。Google の画像検索で「渋谷」と日本語で、"Shibuya" と英語で検索してみる。すると、日本語の場合も英語の場合も上位五〇件のほぼすべてを渋谷スクランブル交差点の画像が占める。SNSの画像投稿や YouTube などの動画投稿サイトでも、渋谷スクランブル交差点の画像や動画が無数に掲載されている。そして、インターネットやSNS上で流通している渋谷スクランブル交差点の画像の過半に、Q-FRONT が映り込んでいる。リンチは、都市のイメージアビリティを物理的な形態の構成要素に限定して論じたが、このように空間形態の特徴だけではなく、メディア上に流通するイメージの「量」もイメージアビリティの高さに寄与し、渋谷スクランブル交差点に人びとが集まる理由となっている。

渋谷スクランブル交差点を訪れる外国人観光客を観察していると、一眼レフなどのカメラのほかに、スマートフォンで撮影をしている姿をよく見かける。スクランブル交差点で撮った写真を、ウェブやSNSにアップしているのだ。すなわち、渋谷スクランブル交差点をめぐる「見る・見られる」の関係は、七〇~八〇年代のように物理空間を共有している他者同士にとどまらない。それは、ウェブやSNSを含むインターネットという情報空間における他者との「見る・見られる」の関係へと広がっている。

ハロウィンにおける広場化

このような物理空間と情報空間の重層性を享受しつつ、大量の人を許容する渋谷スクランブル交差点という空間形態の潜在的有用性を活かした近年の代表的なイベントは、ハロウィンだろう。

関口英里によれば、日本では一九七〇年代から洋菓子店の商品販売などによって商業的展開が始まったハロウィンは、八〇年代にはホラーブームと連動するかたちで、雑貨店や百貨店業界でもハロウィン関連の販売促進活動が広がりを見せるようになった。一九九二年にアメリカのハロウィンで起きた日本人留学生の射殺事件を受けて、ハロウィンの盛り上がりは一旦下火となるが、九〇年代半ば以降には、東京ディズニーランド、大阪のエキスポランドやフェスティバルゲートなどでハロウィン関連のイベントが繰り広げられるようになった。[*135]

関口は、文化人類学者のヴィクター・ターナーによる「リミナリティ（境界状況、過渡性）」の概念を踏まえながら、ハロウィンには、生と死、無邪気さと邪悪さ、子どもと大人、日常と非日常、こちら側と向こう側といった境界状況が生じていると指摘している。[*136]

二〇一〇年代のスマホやSNSの普及とともに規模が拡大したハロウィンとは、物理空間と情報空間、リアルとネットの境界状況に生じたメガイベントである。ハロウィンでは、「触れる＝群れる」という身体感覚と、物理空間と情報空間を横断した「見る・見られる」という身体感覚の両方が享受されている。それは盛り上がることのできるネタを媒介とした瞬発的な盛り上がりであり、鈴木謙介が「カーニヴァル化」と呼ぶ、日常にビルトインされた「祭り」であると同時に、年一回の年中行事である「祭り」でもある。[*137] そこに集まる人びとのあいだに見られるのは、ハロウィンの仮装や

BUCKS COFFEE
TSUTAYA
0101

図2-24　ハロウィン当日、20時頃の渋谷スクランブル交差点風景。（撮影＝榎本佳嗣）

コスプレという共通のテーマにもとづく一時的だが熱狂的なコミュニケーションである。普段は年代や階層や趣味もバラバラな人たちが、一時的であれ、情報空間では担保されない身体を介した集団的体験をリアルな「つながり」として楽しむ。写真家の藤原新也が語るように、日常のストレスのはけ口という側面もあるハロウィンには、大企業の正社員が参加している一方で、派遣社員やアルバイト、過酷な労働環境下に置かれた介護・福祉業や風俗業などに従事する若者たちの参加が多く見られる。それは仮装やコスプレにかけられた時間や金によって、ある程度の見分けがつくという。[*138]

二〇一五年一〇月三一日のハロウィン当日、渋谷スクランブル交差点を実際に訪れてみた。以下ではその時の様子を、「日本的広場とは何か」の節で紹介した伊藤らによる「日本の広場の物的特性」の六つの特徴を踏まえながらレポートしておきたい。

時刻は夕刻。JR渋谷駅ハチ公口の改札を出ると、すでにハチ公前広場から渋谷スクランブル交差点に至るまで、大量の人たちでぎっしり埋め尽くされていた（②「シンボルによる空間」）。なかなか前に進むことができず、身動きがとれない。そこで東急百貨店東横店の方に引き返して2Fへと上がり、渋谷マークシティの連絡通路へ向かった。Q-FRONT 2Fのスターバックスは混乱を回避するためか臨時休業していたが、渋谷マークシティ2Fの連絡通路には渋谷スクランブル交差点の写真を撮ろうとする人が何重にも列をなしていた。2Fから眺めると、地面が見えないほどの人が渋谷スクランブル交差点周辺を埋め尽くした光景が眼下に広がっていた（④「テクスチュアと装置の変換」）。

渋谷マークシティのエスカレーターで1Fに降り、再び渋谷スクランブル交差点に向かうことにした。ハロウィンの日の渋谷スクランブル交差点は、仮装やコスプレをしていない人の方が少数派（⑥「装置の仮設性」）。郊外や地方でのハロウィンのイベントとは異なり、子ども連れや家族で仮装をしての参加は少ないが、二人以上の小集団で連れ立っている人たちがほとんどである。アニメや映画のキャラクターなどに扮した人たちが練り歩きながら、自撮りをしたり、初対面にもかかわらずスマホで写真を撮り合っている光景が至るところで見られた（①「アクティビティの過程の重視」）。目立った仮装やコスプレをしている人たちの周りには、撮影待ちの列ができている。年一回の半ば公認された「お祭り」であるハロウィンでは、仮装やコスプレをするというルールが共通項としてあるため、互いのコミュニケーションの障壁が低く、写真を撮ることを断られるリスクは低い。

図2-25　渋谷マークシティの連絡通路で撮影する人たち。（撮影＝南後由和）

彼ら彼女らは、必ずしも予測不可能な出来事が起きることを期待しているわけではない。むしろ、年一回の「お祭り」で仮装やコスプレというルールを共有したうえで、秩序が保たれたなかで逸脱をすること、「安心して騒げる」ことの方が重要なのだ。ハロウィンが年一回であることに加え、渋谷だからこそ許されるだろうという感覚が浸透している。リチャード・フロリダがクリエイティブ・クラス（創造階級）

図2-26　深夜になるほど、仮装した人の数は増え続ける。写真は渋谷スクランブル交差点を渡り、Q-FRONTの前にたむろする若者たち。（毎日新聞社）

やクリエイティブ・シティ（創造都市）を取りまく条件として挙げた三つのT——技術（Technology）、才能（Talent）、寛容性（Tolerance）——でいえば、渋谷には一定の「寛容性」があるということもできるかもしれない。

それにしても、なぜこれほど多くの人が、ハロウィンでも渋谷スクランブル交差点に集まってくるのだろうか。やはりここにも、各種メディアの注目度に加え、量と規模を許容する渋谷スクランブル交差点の空間形態が大きく関係している。彼ら彼女らは渋谷にしかない商業施設やレストランが目当てで集まってくるわけでも、地方のよさこい祭りに見られるような地元志向にもとづく地域との結びつきやローカル・アイデンティティを重視しているわけでもない。

仮装やコスプレをした人たちで埋め尽く

された空間的熱狂や身体的快楽に加え、SNSのネタ作りにとっても、仮装やコスプレをした人たちの量が保証されていることが重要なのだ。仮装やコスプレをした人たちの群集それ自体が見物の対象である見世物であり、SNSのネタともなる。彼ら彼女らは、渋谷スクランブル交差点を埋め尽くした群集を外在的に観察するまなざしも同時に持ち合わせている。

渋谷スクランブル交差点は、接触する人の数が多く、さまざまな仮装やコスプレをしている人たちとの「遭遇可能性」が高い。画像の背景に仮装やコスプレをした人たちの群集が映り込むことでSNS上でも見映えがし、多くのコメントや「いいね」を誘発する。とりあえず渋谷スクランブル交差点に行きさえすれば、ネタの量と質双方を効率的に稼ぐことができる。

まとめるなら、(1)SNSのネタの収集に適した場所として渋谷スクランブル交差点が選ばれる。(2)渋谷スクランブル交差点における集団的体験を共有する。(3)それらの画像がSNSを介して共有、拡散することで集団的体験が再生産される。渋谷スクランブル交差点をめぐっては、(1)から(3)のプロセスが、物理空間と情報空間を横断しながら展開されている。「物理空間での集団的体験の共有」と「情報空間での集団的体験の共有」が重層性を帯びながらループしているのだ。[*139]

このように情報空間では担保されない空間的熱狂と身体的快楽を味わえ、SNSで画像をアップするネタ作りに適し、仮装やコスプレをしている人の量が保証されている場所として、渋谷スクランブル交差点が選ばれているといえる。情報空間におけるコミュニケーションのネタ作りにとっても、単にリアルな物理空間があるだけでは十分ではなく、群集の「量」を許容する空間的「規模」を条件として兼ね備えているかが重要な選定材料となる。

ハロウィンの渋谷スクランブル交差点における群集は、ギュスターヴ・ル・ボンが「心理的群衆」と呼んだような、群集の熱狂のただ中で個人を喪失した集合体ではない。[*140] あるいは、ガブリエル・タルドが「公衆」と呼んだような、場所を共有せずメディアのみを介した集合体でもない。[*141]

かつてアーヴィング・ゴッフマンは、表面上は集団を取りまく状況に参加しながらも、自分だけの世界に遊離することを「離脱」と呼んだ。[*142] 電車のなかでの読書や携帯電話の閲覧なども「離脱」に含まれる。ハロウィンの渋谷スクランブル交差点における群集は、「情報空間での集団的体験の共有」というSNSを介した他者との接続の回路が開かれているがゆえに、物理的な場所を共有して集団と接続しつつも、そこからSNSを介した回路への一時的な離脱を繰り返している。接続しながらも離脱し、離脱しながらも接続している群集。このような集団への接続と集団からの離脱を繰り返す群集のあり方を、「離接的群集」と呼ぶことにしたい。[*143] 物理空間と情報空間を横断した「見る・見られる」という関係の再編にともない、「触れる＝群れる」の触れ方＝群れ方が離接的なものに変化しているのだ。このようにハロウィンの渋谷スクランブル交差点における離接的群集の身体感覚は、六〇年代の新宿の「触れる＝群れる」とも七〇〜八〇年代の渋谷の「見る・見られる」とも異なっている。

渋谷スクランブル交差点周辺を徘徊した後、今度は樹木の下のコンクリートブロックに腰をかけながら耳を澄ませてみた。普段はスクランブル交差点を通り過ぎるだけの互いに見知らぬ人同士が、「一緒に写真を撮ってもらっていいですか」と声を掛け合っている。どこに住んでいるのか、どこの学校に通っているのか、どこの会社で働いているのかという属性に関する会話はなされない。むしろ、それらは面倒で煩わしいものとして回避される。連絡先を交換するわけでもない。広く浅い、近からず遠からずの、その時その場かぎりのコミュニケーションを楽しんでいる。ハロウィンでは、年齢や身分、肩書や所属などのしがらみにとらわれない、平等と解放が実現されているかのようだ。ただし、それはあくまで仮装やコスプレというフィルターを介した間接的で一時的なコミュニケーションであり、条件付きの平等と解放である。

その横では、警備の車から警察官が「速やかに渡りきって下さい」と注意喚起のアナウンスを繰り返している。ハロウィン当日は、信号が替わる度に警察官がロープを使って車道と歩道の交通整理をしており、スクランブル交差点の通行は異様なほど秩序立っていた。厳格な管理下に置かれながら、青信号の間だけ、ハロウィンの仮装やコスプレをした人たちによって一時的に「広場化」する渋谷スクランブル交差点。そこは一見「安心して騒げる」という「寛容性」が保たれているように見えながらも、厳格な監視のもとにあるという点で、実際は不寛容であり、渋谷スクランブル交差点というエリア自体が見せかけの「寛容性」を仮装およびコスプレしているといえるだろう。

新宿西口地下広場と同様、道路であるスクランブル交差点に滞留することはできず、仮装やコスプレをした人たちの群れは、センター街の方まで伸びていた（⑤「空間の伸縮」）。センター街という道も「広場化」し、なかには仕事や学校帰りのためか、路上に荷物を置いて仮装やコスプレの着替えをする人たちの姿も目についた（③「外部空間のインテリア化」）。

以上のように、ハロウィンにおける渋谷スクランブル交差点は、伊藤らによる「日本の広場の物的特性」の六つの特徴すべてが見事なまでに具現化されていた。ハロウィンにおける渋谷スクランブル交差点は、日本的広場の特性を存分に発揮して「広場化」した日本的広場の現在形だといえよう。

日本的広場の行方

では、渋谷スクランブル交差点を日本的広場の現在形とするならば、本章で論じてきたこれまでの日本的広場との連続性と差異はどこにあるだろうか。

第一に新宿西口地下広場と比較した場合、のぞき込むことのできる舞台性を持っている点、立ち止まることが許されず、通過するだけの広場という点は同じである。歩車分離を徹底し、人や車の「サーキュレーション」を保とうとする点も連続している。ただし、渋谷スクランブル交差点の離接的群集は、異議申し立てのために新宿西口地下広場に集まった群集とは異なる。[*144] 盛り上がれるネタとそのコミュニケーションを共有する「形式」が重要なのであり、政治的立場などの「内容」はどうでもいい。また新宿西口地下広場の群集と渋谷スクランブル交差点の離接的群集とでは、同じ「触れる＝群れる」でも、その触れ方＝群れ方が異なる。新宿西口地下広場の群集は、身体と音と言葉を突き合わせながら濃密なコミュニケーションを一体となって交感していたのに対し、渋谷スクランブル交差点の離接的群集は、接続しながら離脱し、離脱しながら接続している。新宿西口地下広場は、吹き抜けや階段など物理的に穴のあいた多孔的な空間であったが、渋谷スクランブル交差点では、情報空間へと離脱する穴が無数に生まれている。[*145]

第二に渋谷スクランブル交差点でのハロウィンを、大阪万博のお祭り広場と比較してみよう。ハロウィンは、お祭り広場のイベントと同様、人を見世物とした一過性のメディア・イベントである。

土地や起源との結びつきが問われない点、記憶や継承なき「祭り」である点にも連続性がある。すり鉢状の谷底に立地する舞台装置のような空間形態、大量の人が動員されて「消費社会の祭り」に興じる社会形態も一致している。立ち入るうえでの有料か無料かの違いはあるが、ハロウィンとは、渋谷スクランブル交差点に限らず、全国各地の百貨店、商店街、コンビニなどがオレンジ色に染まる、いまや全国的な一大商業イベントである。二〇一五年には、記念日のなかでクリスマス、バレンタインデーに次ぐ市場規模となり、一二二〇億円を超えたと推計されている。[*146] お祭り広場における「主体的参加」は、ハロウィンでは、手軽なＤＩＹ感覚で各々がアレンジした仮装やコスプレによって担保されている。

第三に渋谷パルコと比較した場合、渋谷スクランブル交差点に集まる人たちのあいだに、日本的広場の空間形態を活かした「見る・見られる」の関係が生まれている点は共通している。しかし、渋谷スクランブル交差点における「見る・見られる」の関係は、物理空間にとどまらず、インターネットという情報空間を横断しながら再編されている。またかつてのように、あらかじめファッション雑誌などで予習していなくても、とりあえず渋谷スクランブル交差点に行けば、再舞台化した渋谷を楽しむことができる。サッカー日本代表戦やハロウィンなどにおいて、渋谷スクランブル交差点は、普段は趣味や階層もバラバラな人たちが、共通のテーマを媒介として、一時的に集まってハレの場と化す。別にサッカー日本代表戦やハロウィンでなくてもよい。コンテンツは入替可能である。渋谷スクランブル交差点に集まる人びとにとって、そこは大勢の人たちと盛り上がるにあたって、無料で使用できる巨大な「ハコ」のようなものである。

パルコは「点→線→面」という流れで、渋谷という街全体を広場と見立てて再開発してきたが、いまや渋谷スクランブル交差点周辺という巨大な「点」に人が集積しているにすぎず、渋谷が街としての面的な機能を維持しているとは言い難い。二〇〇〇年代以降、「点→線→面」から点への回帰が進んだ。また、趣味や階層にもとづく街のセグメント化が機能しづらくなった現在、渋谷-ギャル、秋葉原-オタクというような地理と文化（趣味）の結びつきを一対一対応させる図式は弛緩した。[*147] 現在の渋谷スクランブル交差点は、外国人観光客の増加に顕著なように、異質性に満ちている。かつてシカゴ学派の都市社会学者ルイス・ワースは「都市的生活様式（アーバニズム）」を、人口の量・密度・異質性という三つの生態学的変数によって説明したが、大量・高密度・高異質性の人口からなる渋谷スクランブル交差点を行き交う人びとの風景は、正しく「都市的」なのである。[*148]

「坂の上」の渋谷パルコ PART1にも、近年は外国人観光客の増加に対応したフロア構成の変化が見られる。1Fは、外国人にも人気のあるジャパン・ブランドの店舗が集結している。コムデギャルソン、BAO BAO ISSEY MIYAKE、ワイズ、アンダーカバーなど、路面店にあるようなコレクションラインではなく外国人観光客がお土産として買って帰りやすいラインが並び、とりわけアジアの女性観光客が多く見られる。6Fは、アニメやマンガのキャラクターグッズを展示・販売する「SHIBU-POP（シブポップカルチャーマーケット）」のフロアになっている。「クール・ジャパン」戦略とも連動した、キャラクターの等身大パネルやフィギュアのショーケースが並び、それらの前で記念写真を撮る外国人観光客の姿をよく目にする。すなわち、現在の渋谷パルコ PART1は、噴水効果を持つ1Fとシャワー効果を持つ6Fを、わかりやすい「日本」のコンテンツで板挟みするフロア構成になっており、もはや日本的広場ならぬテーマパークになっている。[*149]

一方、実は「坂の下」の渋谷スクランブル交差点は、１０９、Q-FRONT、１０９-MEN'S、東急百貨店など、東急グループの建物によって囲われた、まるで「東急広場」になっている。二〇一二年には、渋谷駅地下直結で上層階にミュージカル劇場を擁した、東急グループによる渋谷ヒカリエがオープンした。二〇二七年に向けて渋谷駅前では超高層ビルが複数建設予定であり、大規模再開発が進行中である。渋谷の再開発をめぐっては、もはや「坂の上」vs「坂の下」や東急vs西武のフェーズから、東急東横線と副都心線の相互乗り入れによる渋谷・新宿・池袋間の競争、品川―田町間の新駅開通をにらんだ東京都内の地域間競争、さらにはアジアの都市間競争のフェーズに移り始めている。

最後に、もうひとつだけ寄り道をすることを許してもらいたい。実は本章で取り上げてきた、新宿西口地下広場から渋谷スクランブル交差点の現在に至るまでの日本的広場には、これまで触れてこなかった共通点がある。それは、広場という「水平性」の背後にある、塔という「垂直性」の存在である。塔とは、かつてであれば教会や軍事的モニュメントのことだが、ここでは超高層ビルやランドマークたる商業施設を含めたものとして捉えたい。

新宿西口地下広場は、小田急百貨店ほか、高層ビル街へと変貌した新宿西口の再開発と一体となって計画されたものだった。大阪万博では、岡本太郎の「太陽の塔」が、丹下健三の「大屋根」の中央を突き破るようにしてそびえ立った。渋谷パルコは、アントニ・ガウディを賛美していた増田によって、サグラダファミリア大聖堂にたとえられたという。[*150] 堤／辻井は、池袋パルコと合わせて、巣鴨拘置所跡地に竣工当時アジアでもっとも高い超高層ビルであったサンシャイン六〇（一九七八）の建設を進めていた。そして、現在の渋谷スクランブル交差点周辺も二〇二七年に向けて超高層ビルが立ち並びつつある。

梶谷善久によれば、垂直性をもつ塔は、権力や政治・経済力の顕示、専制や支配と結びつき、水平性をもつ広場は、民主と連帯、権力への抵抗と結びつけられてきた。[*151] この垂直性の塔と水平性の広場が拮抗関係にあったのが、本章でいえば、大阪万博にほかならない。建築や美術の文脈では、丹下と岡本の対立の構図が描かれ、解体撤去された「大屋根」に対して、「太陽の塔」が現在も残っていることをもって、建築に対して美術が勝利したと度々指摘されてきた。

しかし、ここでは丹下vs岡本という属人的な対立でも、建築vs美術というジャンル間の対立に還元するのでもなく、垂直性の塔vs水平性の広場という観点に立ってみたい。超高層ビルが建ち並ぶ大規模再開発が進む渋谷の現在を鑑みると、大阪万博を終えて、「太陽の塔」という垂直性のシンボルが残ったことは何を指し示しているだろうか。それは経済的に強い力をもつ大資本がサヴァイヴァルを勝ち抜くという身も蓋もない事実であり、資本主義下の都市風景の性《さが》なのかもしれない。しかし、大屋根もお祭り広場も解体された後に顕《あらわ》になったのは、両手を横に広げた太陽の塔の姿だった。太陽の塔自体が垂直性と水平性を両義的に内包していたのである。

二〇一九年度には、渋谷駅街区東棟の最上部に渋谷スクランブル交差点を見下ろすことのできる屋外展望施設が開業予定であるほか、二〇二七年に向けては、渋谷駅の立体化にともない、多層の歩行者デッキと新たな広場が整備されるという。[*152] 新宿西口のような高層ビル街へと変貌しようとしている渋谷において、「坂の上」から「坂の下」へと向かった人の流れはどこに向かうだろうか。そして、今後、日本的広場は新たな垂直性と水平性のせめぎ合いのなかでどのように姿かたちを変えていくだろうか。

注

＊1　隈研吾・陣内秀信監修『広場』淡交社、二〇一五、五九頁

＊2　南後由和「建築空間／情報空間としてのショッピングモール」若林幹夫編著『モール化する都市と社会――巨大商業施設論』NTT出版、二〇一三、一一九～一九〇頁

＊3　三浦金作『広場の空間構成――イタリアと日本の比較を通して』鹿島出版会、一九九三、一四～二三頁

形態的分類とは、囲繞型広場／有軸型広場／有核型広場／連鎖型広場／無定形広場の五つの型を指す。機能的分類とは、軍事広場／宗教広場／市民広場／市場広場／交通広場／生活広場などの型を指す。

＊4　伊藤らの都市デザイン研究体による日本の都市に関する研究は、一九六〇年代から開始されており、「日本の広場」（二〇〇九年に復刻版として単行本化）は、「都市のデザイン」（『建築文化』一九六一年11月号、一九六八年単行本化）、「日本の都市空間」（一九六三年12月号、一九六九年単行本化）に続く第三弾にあたる。なお小野寺康は、伊藤らの議論を継承しつつ、日本の広場、街路、水辺に通底する「日本のにぎわいの空間構造」として、(1)主景が存在すること、(2)領域性の優れた空間であること、(3)(主景に対し)適切な大きさと形を持ったオープンスペースが配置されていること、(4)不規則な形態であること、(5)奥性を持った構成であること、という五つの特性を挙げている。

小野寺康『広場のデザイン――「にぎわい」の都市設計5原則』彰国社、二〇一四、一二二～一二三頁

＊5　都市デザイン研究体『復刻版 日本の広場』彰国社、二〇〇九、七頁

＊6　同六頁

＊7　建築学者の加藤晃規は、日本の広場にみられる緑、水、土などの環境要素と一体となった、建築的な形態を超えた環境のセッティングを「場所的広場」と呼んでいる。加藤晃規『日本的広場のある街――ミドリ・ミズ・ツチ』プロセスアーキテクチュア、一九九三、七頁

＊8　都市デザイン研究体『復刻版 日本の広場』彰国社、二〇〇九、一九頁

＊9　磯村英一・宮本常一・園田恭一・河原一郎、司会 青井和夫「座談会 生活の中の広場」『コミュニティ』第32号、財団法人地域社会研究所、一九七二、五五～五六頁

＊10　陣内秀信「歴史的な広場・街路」船越徹編集代表、陣内秀信・三谷徹・糸井孝雄執筆代表『S.D.S. 第7巻 広場』新日本法規出版、一九九四、二七頁

＊11　日本に「広場」という言葉がドイツ由来の計画概念として定着したのは、明治期の日露戦争以降から大正期の震災復興期にかけてとされている。陣内秀信『東京の空間人類学』ちくま学芸文庫、［一九八五］一九九二、二六〇頁／鳴海邦碩『都市の自由空間――街路から広がるまちづくり』学芸出版社、二〇〇九、一三八頁

陣内によれば、この時期には、石造や煉瓦造の建物によって囲まれた日本橋の橋詰広場、昭和初期には、同じく角地型建築によって囲まれた数寄屋橋の橋詰広場が、西欧の造形手法を取り入れながら形づくられた。陣内秀信『東京の空間人類学』ちくま学芸文庫、［一九八五］一九九二、二六四～二七二頁

＊12　鈴木直樹・中井祐「新橋駅西口広場における歩行者空間成立の経緯と要因に関する研究」『景観・

デザイン研究講演集』No.5、二〇〇九、一八〇～一八四頁参照

一九七二年にはSL、一九七五年には噴水が設置された。

＊13 陣内秀信『東京の空間人類学』ちくま学芸文庫、［一九八五］一九九二、二一五頁

＊14 吉村元男『空間の生態学』小学館、一九七六／オギュスタン・ベルク、宮原信訳『空間の日本文化』ちくま学芸文庫、一九九四／隈研吾・陣内秀信監修『広場』淡交社、二〇一五など参照

＊15 都市デザイン研究体『復刻版 日本の広場』彰国社、二〇〇九、二八頁

＊16 東京都企画調整局調査部『広場――その可能性と条件』東京都、一九七三、三九頁

＊17 磯村英一「コミュニティ・シンボルとしての広場」『コミュニティ』第32号、財団法人地域社会研究所、一九七二、一〇～一一、二一～二二頁

磯村は「コミュニティと広場は、一方は人間の合意を前提とした空間の構造であり、他方は人間に自由に利用できる空間の平面である」（一〇頁）と述べた。ここでいう人間の合意とは、互いに異質な人びとによる相互了解のことであり、何らかの話題や関心を共有している状態を指す。

＊18 「生理学的事実」には、道徳・法律など慣行や制度による行為・思考の様式と、集団において生じる熱狂や憤慨による社会的潮流とがある。デュルケム、一八九五＝宮島喬訳『社会学的方法の規準』岩波文庫、一九七八、五四頁、二二一頁／島津俊之「デュルケム社会形態学における社会と空間」『人文地理』第45巻4号、一九九三、三三三～三四九頁参照

＊19 管見では、「第一世代」と呼ばれる奥井復太郎や磯村英一らまでの都市社会学者には空間形態への視座がある。それ以降の都市社会学者は、「空間」を論じることはあっても、人口分布、産業集積、交通ネットワークやパーソナル・ネットワークなどの空間的配置や地理的分布にすぎないことが多い。

＊20 田村紀雄『ひろばの思想』文和書房、一九七六、一六頁

川喜田二郎も、タテマエや理性ではない人間同士の生身のコミュニケーションの場として「広場」

を捉えている。川喜田二郎『ひろばの創造——移動大学の実験』中公新書、一九七七、一八七〜一九七頁

＊21　磯村英一「コミュニティ・シンボルとしての広場」『コミュニティ』第32号、財団法人地域社会研究所、一九七二、一〇頁／磯村英一・倉沢進『日本の都市政策』鹿島出版会、一九七三、一〇八頁

＊22　小松左京「生き物の広場・人の広場」『季刊大林』No. 19、一九八五、九頁

＊23　磯崎新「いまさら広場なんて……」『アサヒカメラ』一九七五年10月号、一三〇頁

上田篤も、「「広場信仰」ともいうべき思想は、日本の、とくに知識階級の間にある抜きがたい西欧コンプレックスと深く結びついて、自虐的な日本の都市批判となって、常にはねかえってくる」と述べている。上田篤「市民と広場」『岩波講座　現代都市政策Ⅱ　市民参加』岩波書店、一九七三、二六〇頁

＊24　山口昌男「広場の精神誌」『季刊大林』No. 19、一九八五、四六頁

＊25　原武史『増補　皇居前広場』ちくま学芸文庫、二〇〇七、一九頁

血のメーデー事件では神宮外苑での集会後、新宿騒乱では明治公園や日比谷公園での集会後に、群集が移動しながら、道の先にある皇居前広場と新宿東口広場へ集まった。行列をともなう日本の祭りと同様、日本的広場と政治の関係にも、「移動」という要素が色濃く見られる。

＊26　東孝光と田中一昭は、西欧の都市が個々の住空間から求心的な道路を通じて宗教や市民活動の場としての広場へと集まる構成を持つのに対して、日本の都市では住宅、店舗、公共施設が「道」に対して開かれた構造を持ち、新宿西口地下広場はそれらが連続していく構成になっているとして、次のように指摘している。「それが単なる地下通路ではなく、「道」を通してターミナルやショッピング空間食堂街から一寸した用を足すプレイガイド旅行案内までそれぞれの空間をかかえ込みながら、いつの間にか都市スペースへと成長を遂げて行く姿が浮かび上ってくるのである」と。

東孝光・田中一昭「地下空間の発見」『建築』一九六七年3月号、六四頁

＊27　同六六頁

＊28　磯村英一・宮本常一・園田恭一・河原一郎、司会　青井和夫「座談会　生活の中の広場」『コミュニティ』第32号、財団法人地域社会研究所、一九七二、七九〜八〇頁

＊29　東野芳明「新宿西口〝広場〟の生態学」東野芳明著、松井茂・伊村靖子編『虚像の時代　東野芳明美術批評選』河出書房新社、［一九六九］二〇一三、二四四頁

＊30　東京都企画調整局調査部『広場――その可能性と条件』東京都、一九七三には、一九六九年の新宿西口地下広場で、管理側がどのような規制や法律を適用していったかの推移が、フォークゲリラ集会の参加者・規制者の数のグラフと一緒にまとめられている（八一頁）。新宿西口地下広場をめぐる闘争に関しては、大木晴子・鈴木一誌編著『1969　新宿西口地下広場』新宿書房、二〇一四も参照

＊31　吉見俊哉『都市のドラマトゥルギー――東京・盛り場の社会史』河出文庫、［一九八七］二〇〇八、三三二頁

＊32　東野芳明「新宿西口〝広場〟の生態学」東野芳明著、松井茂・伊村靖子編『虚像の時代　東野芳明美術批評選』河出書房新社、［一九六九］二〇一三、二五〇頁

＊33　同二四八頁

＊34　吉見俊哉『都市のドラマトゥルギー――東京・盛り場の社会史』河出文庫、［一九八七］二〇〇八、二七八頁

＊35　道路には道路法、公園には都市公園法があるのに対して、広場には行政上の管理法がない。国土交通省の「都市計画運用指針」において、広場は、(1)「交通施設」の一つとしての「交通広場」と、(2)「公園緑地等の公共空地」の一つとしての「広場」に大別されているが、道路や公園に比べて、都市計画決定されていない曖昧な事例が多い。

*36 造園家の吉村元男は、サブ広場について、「ほとんどがコンクリート舗装に近いものであり、人々が最も必要としている芝生の広がりや、緑陰というものにはほど遠いものであった」と、その人間無視の計画を酷評した。
吉村元男『空間の生態学』小学館、一九七六、一六一頁
*37 丹下健三のもとで大屋根の設計に関わった神谷宏治によれば、「大屋根は、一つの完結した建築物と考えるよりは、さまざまな個々の建築的・環境的な要素を互に関係づけながら結びつけてゆく超建築的な要素であり、都市の空間的な組織を構造づけるインフラ・ストラクチャー」と位置づけられた。
神谷宏治「万国博の大屋根とスペースフレームの都市空間への適用」『近代建築』一九七〇年5月号、九八頁
*38 財団法人日本万国博覧会協会『専門委員会会議録2 会場計画委員会会議録』財団法人日本万国博覧会協会、一九七一
会場計画委員会の委員には、新宿西口地下広場を設計した坂倉準三も名を連ねている。坂倉は委員会で、数十万規模の群集が「通過する」駅のターミナルと「集まる」お祭り広場の違いについて言及している（一五二頁）。
*39 日本万国博イヴェント調査委員会『日本万国博〈お祭り広場〉を中心とした外部空間における水・音・光などを利用した綜合演出機構の研究調査報告書』日本科学技術振興財団、一九六七、一七頁
*40 上田篤「会場計画を決めた「深夜の会談」」大阪大学21世紀懐徳堂編『なつかしき未来「大阪万博」』創元社、二〇一二、二〇頁
*41 上田篤「お祭りひろばの建築設計」『建築雑誌』一九七〇年3月号、二一四〜二一六頁
*42 財団法人日本万国博覧会協会『専門委員会会議録2 会場計画委員会会議録』、一九七一、一六六頁
*43 日本万国博覧会記念協会『日本万国博覧会 公式記録』第1巻、一九七二、一一頁

*44 法学者のローレンス・レッシグは、情報社会における権力の類型として、規範（慣習）、法律、市場、アーキテクチャの四つを挙げた。ローレンス・レッシグ、山形浩生・柏木亮二訳『CODE――インターネットの合法・違法・プライバシー』翔泳社、二〇〇一

*45 上田篤「お祭りひろばの建築設計」『建築雑誌』一九七〇年3月号、二一四～二一五頁

*46 日本万国博覧会記念協会『日本万国博覧会 公式記録』第2巻、一九七二、一六三頁

*47 財団法人日本万国博覧会協会『専門委員会会議録2 会場計画委員会会議録』、一九七一、一九一～一九二頁

*48 遺留品研究所「広場へのマニフェスト――〈建築家の意識標的としての広場〉」『TAU 現象としての建築雑誌』4号、商店建築社、一九七三、一三頁
遺留品研究所は、「日本の都市空間」や「日本の広場」を著した伊藤ていじらの仕事を、「高度成長経済をめざす国家的意志に、イデオロギーとメディア論を先取り的に準備」（一五頁）したと批判している。

*49 吉見俊哉『博覧会の政治学――まなざしの近代』中公新書、一九九二、二三四頁

*50 磯崎新『UNBUILT』TOTO出版、二〇〇一、二六五頁
磯崎はすでに六〇年代に、建造物などの物理的実体によって明確な輪郭を規定されえなくなり、光、音、通信、交通を含む瞬間的な事件の連鎖による「揺れ動いて固定しないイメージ」として立ち現れる都市を、「見えない都市」と呼んでいた。磯崎新『空間へ』鹿島出版会、一九九七、一一八頁、三八〇～三八一頁
“Invisible Monument”という言葉は、磯崎もメンバーのひとりであった日本万国博イヴェント調査委員会『日本万国博〈お祭り広場〉を中心とした外部空間における水・音・光などを利用した綜合演

出機構の研究調査報告書』日本科学技術振興財団、一九六七、一一頁による。

＊51 《国＝語》批判の会「《汎・広場》と《反・広場》 人民広場－地下広場－広告広場」『TAU 現象としての建築雑誌』4号、商店建築社、一九七三、七頁

＊52 『別冊中央公論 経営問題』9巻1号、一九七〇年3月

＊53 鈴木克也「ショッピングセンターの成立条件」『ショッピングセンター』一九七六年11月号、二六頁

＊54 南後由和「建築空間／情報空間としてのショッピングモール」若林幹夫編著『モール化する都市と社会――巨大商業施設論』NTT出版、二〇一三、一三四～一三五頁

＊55 ラフォーレ原宿に関しては『ショッピングセンター』一九七九年7月号参照。109に関しては『ショッピングセンター』一九七八年12月号、109の前を通るたびに、大阪万博の「太陽の塔」と「大屋根」の姿が二重写しになって想起される。109は、塔とでもいうべき五二mのシリンダー状のタワーが角地に面するように建ち、1Fの約三三〇㎡の広場のうえには、大阪万博と同様、スペース・フレームの屋根が架かっている。

＊56 玉川高島屋SCに関しては松田平田坂本設計事務所「玉川高島屋ショッピングセンターについて」『SD』一九七〇年2月号、二五～二八頁、グリナード永山に関しては『ショッピングセンター』一九七四年12月号、くずはモール街に関しては『ショッピングセンター』一九七五年4月号参照

＊57 田中大介「〈社会〉を夢みる巨大商業施設――戦後日本におけるショッピングセンターの系譜」若林幹夫編著『モール化する都市と社会――巨大商業施設論』NTT出版、二〇一三、六八～七三頁

＊58 『商店建築』一九七一年3月号

＊59 『商店建築』一九七四年1月号、12月号

一九六〇年代後半から七〇年代の『商店建築』には、佐々木宏、長谷川堯、宮内康なども評論を度々

寄稿している。同誌には、従来公共施設が担っていた役割を商業施設が担っていこうとする使命感とともに、建築界のヒエラルキーでは公共建築に比べて下に置かれてきた商業建築の格上げを狙おうとする野心がうかがえる。

＊60 原木実「新しいコミュニティ・センターとして注目される」『商店建築』一九七二年9月号、一二六頁

同誌では、大阪万博の二年後にオープンした、くずはモール街について、「当日は入店客 80,000 人、第2日目は 120,000 人が押しかけ、万国博覧会場を思いおこすような賑わいでした」(一二三頁)と報告している。

＊61 『商店建築』一九七六年1月号、六七頁

＊62 「施設がつくるコミュニティ」という言い方は、磯村英一による。磯村英一編著『コミュニティの理論と政策』東海大学出版会、一九八三、一二七頁

＊63 森本勲「SCセントラル・コート(広場)の機能とデザイン」『ショッピングセンター』一九八四年8月号、一二頁

＊64 磯村英一『人間にとって都市とは何か』NHKブックス、一九六八、五四～五五頁

＊65 金井一郎「超高層ビルの足元を構成する開放的なショッピング・プラザ」『商店建築』一九七七年4月号、二二五頁

＊66 都市デザイン研究体『復刻版 日本の広場』彰国社、二〇〇九、二七～二八頁

＊67 西田進二「東京盛り場地区の交通特別規制――いわゆる歩行者天国顚末記」『警察学論集』立花書房、23巻9号、一九七〇、七二～八七頁／石丸雄司「歩行者天国昨今」『道路』日本道路協会、一九九四年8月号、三七～三八頁参照

日本初の大規模な歩行者天国としては、一九六九年の旭川市平和通買物公園があり、一九七二年以

降恒久化された。

＊68　東京都企画調整局調整部『広場と青空の東京構想――試案 1971』東京都、一九七一、三頁、一七頁

＊69　同二一九頁

＊70　東京都企画調整局調査部『広場――その可能性と条件』東京都、一九七三、まえがき参照

＊71　同四〇～四一頁参照

＊72　『ショッピングセンター』一九七七年臨時増刊号

＊73　増田通二監修・アクロス編集室編著『パルコの宣伝戦略』PARCO 出版、一九八四、一八〇頁

＊74　同一七五頁

＊75　「公園通りの変遷――街づくり、魅力づくりのプロセス」『アクロス』一九八三年5月号、九頁

＊76　増田通二監修・アクロス編集室編著『パルコの宣伝戦略』PARCO 出版、一九八四、一八一頁

＊77　「劇場プロデュースの方向 西武劇場」『アクロス』一九八二年5月号、七三頁

＊78　増田通二『開幕ベルは鳴った――シアター・マスダへようこそ』東京新聞出版局、二〇〇五、一一〇頁

＊79　唐と寺山らが起こした乱闘事件は、思想的対立ではなく「シャレ」であるという見方もできる。

＊80　増田通二『開幕ベルは鳴った――シアター・マスダへようこそ』東京新聞出版局、二〇〇五、一一一頁

＊81　同一二三頁

＊82　増田通二監修・アクロス編集室編著『パルコの宣伝戦略』PARCO 出版、一九八四、一三七～一三八頁

＊83　陣内秀信・三浦展「都市の見えないチカラを読み込む」『都市計画』Vol. 60 No. 5、二〇一一、一九

頁

＊84 鳴海邦碩『都市の自由空間――街路から広がるまちづくり』学芸出版社、二〇〇九、二一～二二頁

＊85 増田通二『開幕ベルは鳴った――シアター・マスダへようこそ』東京新聞出版局、二〇〇五、八三頁

＊86 増田通二監修・アクロス編集室編著『パルコの宣伝戦略』PARCO出版、一九八四、五頁

＊87 「街づくりとイベント――祭り状況を創出するプロモーション」『アクロス』一九八三年7月号、九頁

＊88 増田は、「お寺は黙っていてお金をとってしまうという、より巧妙な演出装置を考えているからだ。お寺の本堂の空間、前の庭、広場、パティオ、そういう演出がお寺の中には皆入っている」と述べ、商業施設の空間演出は、アメリカのショッピングセンターやディズニーランドではなく、寺院から学ぶべきだという発想も披露している。増田通二「本格的サバーバンの提案」『アクロス』一九八三年7月号、九二頁

＊89 黒川紀章『都市デザイン』紀伊國屋書店、［一九六五］一九九四、一二三～一三六頁

＊90 黒川紀章『ホモ・モーベンス――都市と人間の未来』中公新書、一九六九、一一四～一一八頁

＊91 槇文彦・竹山実・三村翰・菊竹清訓・石橋喬司「同一化の危機――商業環境は成立するか」『商店建築』一九七二年1月号、一三二頁

＊92 浜野安宏『浜野安宏ファッション都市論 人があつまる』講談社、一九七四、巻頭グラビア

＊93 望月照彦『マチノロジー――街の文化学』創世記、一九七七／望月照彦『都市民俗学3 都市の創り方』未來社、一九九〇、二〇八頁

望月は、公園通りを中心とするパルコの空間戦略を「人間の街づくり」の哲学があるとして評価する一方で、作為的な〈界隈〉づくり戦略で「みんな同じような顔をして歩いている」と批判し、商業

資本に寄りかかることなく街を歩き読み取る「マチノロジー（まち学）」を提唱した。望月照彦『都市民俗学3　都市の創り方』未來社、一九九〇、三一二〜三一三頁／望月照彦『都市民俗学4　賑わいの文化論』未來社、一九九〇、四〇頁

新宿西口地下広場の「意志を持った群集の一人」であったという望月は、「今考えればロクでもない記憶」であると振り返りつつ、70年代の渋谷周辺に集まる「若者たちの自己顕示型街頭競演」について、「意志を持って〝都市の群衆〟であることを、人びとは拒否しているのかもしれない」と指摘している。望月照彦『都市民俗学2　街を歩き都市を読み取る』未來社、一九八九、三一五頁

*94　公園通りの歩道の東側は一九七六年、西側は一九七七年に拡幅した。「東京・渋谷区役所通り歩道が拡幅——商店街振興組合が街のイメージ化を図る」『商店建築』一九七七年5月号、六九頁

*95　増田通二監修・アクロス編集室編著『パルコの宣伝戦略』PARCO出版、一九八四、一三六頁

*96　公園通りは、NHKホール、渋谷公会堂、ジァンジァン、西武劇場、スペースパート3という劇場群を持つに至った。渋谷パルコの空間戦略に関しては、岡並木がアドバイザーとして関わっており、岡はPARCO出版局から出版された、世界各国のモール（歩行者道路）のレポートの監修も務めている。岡並木監修、OECD編、宮崎正訳『STREETS FOR PEOPLE——楽しく歩ける街』PARCO出版局、一九七五

*97　「公園通り・魅力の透視図」『アクロス』一九八三年4月号、六〜七頁

*98　同二三頁

*99　同右／「公園通りの変遷——街づくり、魅力づくりのプロセス」『アクロス』一九八三年5月号／増田通二監修・アクロス編集室編著『パルコの宣伝戦略』PARCO出版、一九八四参照

*100　吉見俊哉『都市のドラマトゥルギー——東京・盛り場の社会史』河出文庫、［一九八七］二〇〇八、三三二〜三三三頁

＊101　御厨貴・橋本寿朗・鷲田清一編『わが記憶、わが記録――堤清二×辻井喬オーラルヒストリー』中央公論新社、二〇一五、一二六～一二七頁

＊102　同九八頁

＊103　同一〇一頁

＊104　辻井喬・上野千鶴子『ポスト消費社会のゆくえ』文春新書、二〇〇八、九六頁

＊105　永江朗『セゾン文化は何を夢みた』朝日新聞出版、二〇一〇、二七三～二七四頁

＊106　堤／辻井は、『消費社会批判』（岩波書店、一九九六）のなかで、「ネットワーク」という概念は、分節的、多中心的、分権的であるという特徴を持ち、それを経営や組織などの社会関係に投影することの可能性に関して言及している。たとえば、ネットワーク関係を構成する個体は、身分や権力上の上下関係にあってはならず、互いに等価であり、参加者の意見が直接的に決定に結びついているべきだとした（二〇二頁）。さらに、ネットワーク関係では、「経済的交換と社会的交換が入り組んで行われる（中略）貨幣的価値によって表現される交換と、それによっては表現されない交換との間に常に緊張が存在する」（二〇六頁）とした。

＊107　堤清二・三浦展『無印ニッポン――20世紀消費社会の終焉』中公新書、二〇〇九、一三四頁

＊108　永江朗『セゾン文化は何を夢みた』朝日新聞出版、二〇一〇、二六〇頁

＊109　辻井喬『ユートピアの消滅』集英社新書、二〇〇〇、一八一頁

＊110　同一八二頁

＊111　増田通二監修・アクロス編集室編著『パルコの宣伝戦略』PARCO出版、一九八四、四～五頁

＊112　辻井喬・上野千鶴子『ポスト消費社会のゆくえ』文春新書、二〇〇八、一一三～一一六頁

＊113　由井常彦編『セゾンの歴史――変革のダイナミズム 上巻』リブロポート、一九九一、四四一頁

＊114　堤清二『消費社会批判』岩波書店、一九九六、二五頁

*115 Heath, Joseph and Andrew Potter, 2004, *The Rebel Sell: Why the Culture Can't Be Jammed*, Harpar Collins. =栗原百代訳『反逆の神話――カウンターカルチャーはいかにして消費文化になったか』NTT出版、二〇一四、二一四頁

*116 同一四九～一五〇頁

*117 望月照彦『都市民俗学4 賑わいの文化論』未來社、一九九〇、四〇頁

*118 セゾングループ史編纂委員会編『セゾンの発想――マーケットへの訴求』リブロポート、一九九一、二六頁

*119 堤清二・三浦展『無印ニッポン――20世紀消費社会の終焉』中公新書、二〇〇九、三七頁

*120 辻井喬・上野千鶴子『ポスト消費社会のゆくえ』文春新書、二〇〇八、二二三頁

*121 辻井喬『ユートピアの消滅』集英社新書、二〇〇〇、一七四頁

*122 御厨貴・橋本寿朗・鷲田清一編『わが記憶、わが記録――堤清二×辻井喬オーラルヒストリー』中央公論新社、二〇一五、二一一頁

*123 北田暁大『増補 広告都市・東京――その誕生と死』ちくま学芸文庫、［二〇〇二］二〇一一、一一七頁

*124 吉見もグローバル化や日本／アジアにおける文化の地政学的変化を背景に、「八〇年代初頭まで、日本のなかの東京、そのなかの渋谷といったトポロジーを前提に都市文化と資本の戦略の関係を説明することができたとしても、九〇年代以降、そうしたトポロジー自体、きわめて部分的なものになってしまった」と指摘している。吉見俊哉『カルチュラル・ターン、文化の政治学へ』人文書院、二〇〇三、一九七頁

近森高明は、北田の『広告都市・東京』の語り口に、「ある特徴的な街に生じている変化に、同時代の都市空間の編成原理の転換を読みとり、それをモデル化したうえで一般化するというやり方」の

失効を読み取っている。近森高明「無印都市とは何か?」近森高明・工藤保則編『無印都市の社会学——どこにでもある日常空間をフィールドワークする』法律文化社、二〇一三、一一頁

＊125 杉山由奈「東京における訪日外国人の観光行動の多様化とSNS普及による東京のイメージ変容」『南後由和ゼミナール二〇一五年度卒業論文集 明治大学情報コミュニケーション学部』、二〇一六、一七五〜二二五頁参照

＊126 九〇年代半ば以降は、コギャルやヤマンバと呼ばれるギャル文化によってセンター街が、カリスマ店員によって109が注目を集め、彼女たちを取り上げる『egg』や『Cawaii!』などの雑誌の創刊も相次いだ。発行部数にみる最盛期は二〇〇〇年前後であり、それらの雑誌の多くは二〇〇〇年代後半から二〇一〇年代半ばにかけて休刊していった。

＊127 ミレニアムである二〇〇〇年の年末の時点でも、渋谷スクランブル交差点は、Q-FRONTにイベント用の映像が映し出され、カウントダウンを祝う多くの人が集まるなどして注目されていた。

＊128 『朝日新聞』『日本経済新聞』『毎日新聞』『読売新聞』において、サッカーW杯や年末カウントダウンなどで、渋谷スクランブル交差点を取り上げた記事が増え出したのは二〇〇〇年代後半からである。二〇一〇年のサッカーW杯南アフリカ大会を経て、二〇一〇年代以降は、記事の見出しに「渋谷スクランブル交差点」という言葉が用いられるまでに定着した。このことは、スマートフォンやSNSの普及とも関係していると考えられる。

＊129 藤村龍至『批判的工学主義の建築——ソーシャル・アーキテクチャをめざして』NTT出版、二〇一四、五五〜六七頁
巨大化する商業施設に関しては、若林幹夫編著『モール化する都市と社会——巨大商業施設論』NTT出版、二〇一三も参照。渋谷スクランブル交差点の再舞台化に関しては、田中大介も渋谷駅の分析やハロウィンのフィールドワークなどをもとに論じている。田中大介編『ネットワークシティ——

現代インフラの社会学』北樹出版、近刊参照

＊130 田村圭介『迷い迷って渋谷駅——日本一の「迷宮ターミナル」の謎を解く』光文社、二〇一三、一五頁

＊131 リンチは、都市のイメージアビリティを、パス、エッジ（縁）、ディストリクト（地域）、ノード、ランドマークという物理的形態の五つの要素によって構成されると説明した。Lynch, Kevin, 1960, *The Image of the City*, MIT Press & Harvard University Press. ＝丹下健三・富田玲子訳『都市のイメージ 新装版』岩波書店、二〇〇七

＊132 小野寺康『広場のデザイン——「にぎわい」の都市設計5原則』彰国社、二〇一四、一三八頁参照

＊133 国内最大級の街頭ビジョンは、大外ビル屋上の「シブハッチヒットビジョン」で高さ一七・三m×幅二四・三mの約四二〇㎡。Q-FRONT正面のダブルスキンのガラスのあいだに設置された街頭ビジョン「Q's EYE」のメインビジョンのサイズは、高さ七・二八×幅一二・九五mの約九四㎡だが、壁面全体だと高さ二二・三八×幅一九mの約四二五㎡になる。株式会社ヒット http://www.hit-ad.co.jp; TOKYU OHH http://www.tokyu-ooh.jp 参照

＊134 浜野安宏・増田宗昭『デジタルシティ——渋谷「QFRONT」プロジェクトへの思索』ダイヤモンド社、一九九八、九二頁

＊135 関口英里「ハロウィンに見る現代日本の外来祝祭受容メカニズム——クリスマス・バレンタインデーとの比較考察」『大阪大学言語文化学』vol. 8、一九九九、九七〜九九頁／関口英里『現代日本の消費空間——文化の仕掛けを読み解く』世界思想社、二〇〇四、三〇〜三一頁参照

＊136 関口英里「エンターテイメントとしての祝祭空間——ハロウィン分析を通してみるアメリカ社会」『同志社女子大學學術研究年報』vol.54 no.1、二〇〇三、一二七〜一二八頁参照

＊137 鈴木謙介『カーニヴァル化する社会』講談社現代新書、二〇〇五、八頁、一三八頁

＊138 藤原新也「DOCUMENT 荒野の窓」『SWITCH』二〇一六年2月号、スイッチ・パブリッシング、四九～五一頁参照

＊139 川崎愛美「体験を消費する――共有による体験の再生産」『南後由和ゼミナール 2015 年度卒業論文集 明治大学情報コミュニケーション学部』、二〇一六、八五～一一三頁参照

＊140 Le Bon, Gustave, 1895, *Psychologie des foules*, Édition Félix Alcan. ＝櫻井成夫訳『群衆心理』講談社学術文庫、一九九三

＊141 Tarde, Gabriel, 1901, *L'opinion et la foule*, Alcan. ＝稲葉三千男訳『新装版 世論と群集』未來社、一九八九

＊142 Goffman, Erving, 1963, *Behavior in Public Spaces: Notes on the Social Organization of Gatherings*, The Free Press of Glencoe. ＝丸木恵祐・本名信行訳『集まりの構造――新しい日常行動論を求めて』誠信書房、一九八〇、七七頁

＊143 幕張メッセのような巨大空間における音楽フェスにも「離接的群集」が見られる。複数のステージでライブが同時並行しているフェスでは、参加者はどのステージに行くかを選択でき、いつでも参入離脱が可能である。ライブでは、前方で激しくノル者もいれば、後方でくつろぎながら聴く者もいる。モッシュやクラウド・サーフィングなどの小集団に参加する者もいれば、それらを見物する者もいる。このようにフェスにおける群集も、複数の同時並存する集団への接続と離脱を繰り返す「離接的群集」だといえる。堀江雄「情報化以降の音楽フェスティバル――群集と空間から考える」『南後由和ゼミナール 2015 年度卒業論文集 明治大学情報コミュニケーション学部』、二〇一六、三六九～三九八頁参照

＊144 渋谷スクランブル交差点周辺は、学生団体「SEALDs」など政治的集会の場にも選ばれている。

＊145 鈴木謙介『ウェブ社会のゆくえ――〈多孔化〉した現実のなかで』ＮＨＫブックス、二〇一三、一

三七頁

＊146 一般社団法人日本記念日協会・記念日文化研究所ウェブサイト「2015年の「ハロウィン」の推計市場規模は前年比約11％増の 1220 億円。」http://www.kinenbilabo.jp/?p=406（二〇一五年一〇月一二日配信）

＊147 宇野常寛は、一九九〇年代後半以降、文化はインターネット上のコミュニティで育まれ、地理が文化を規定するのではなく、文化が地理を決定するようになる「地理と文化の切断」が見られるようになったと指摘した（宇野常寛『日本文化の論点』ちくま新書、二〇一三、四四〜四七頁）。渋谷では地理と文化の結びつきを希釈化された人たちが、渋谷スクランブル交差点という、すり鉢状の谷底に流れ込んでいるということもできるかもしれないが、地理と文化（趣味）の結びつきを一対一対応させる図式自体が、マスメディアや消費社会の論理と結びついた言説によって構築されたものにすぎない。

＊148 Wirth, Louis, 1938, "Urbanism as a Way of Life", *American Journal of Sociology*, vol. 44. no. 1, pp1-24. ＝高橋勇悦訳「生活様式としてのアーバニズム」鈴木広編『都市化の社会学〔増補〕』誠信書房、一九七八、一二九〜一三三頁

＊149 パルコは、渋谷パルコの地上二〇階・高さ約一一〇mの複合施設への建替計画を二〇一五年一二月に発表した。

＊150 三浦展・藤村龍至「対談：郊外の歴史と未来像［2］――パルコ、セゾン的なるものと現在のショッピングモールの違い」『10+1 website』、二〇一〇、http://10plus1.jp/monthly/2010/10/2.php

＊151 梶谷善久『聖と俗 塔と広場の思想』玉川大学出版部、一九七九、二七〜二八頁

＊152 東京急行電鉄株式会社・東急不動産株式会社『渋谷駅周辺開発 FactBook』報道参考資料、二〇一五、九頁

陣内秀信氏インタビュー

「広場」を、あらためて問う

聞き手：三浦展・藤村龍至・南後由和

六〇年代は歴史的都市空間に無関心だった

三浦：陣内さんは先頃、隈研吾さんとともに『広場』という本を監修されました。今なぜあらためて広場なのか、それをまず伺いたいと思います。

——日本で広場っていうと、まず思い出されるのが一九七〇年の万博です。丹下健三さんのもとで、磯崎新さんも加わって「お祭り広場」を作り出す。でも、あれは空虚なものに終わってしまって、都市に関心をもつ建築家はみな失望しちゃうんですね。あれは管理された中でやらされているというか、民衆のエネルギーが自発的に出てきてノリノリでやったという感じじゃなかったので。結局、建築が何かやろうとしても空しいという雰囲気が広がった。磯崎さんだって当然そこはわかっていて、あえてコンピュータとか新しい時代のものを組み込めば何かやれるんじゃないかと思っていたみたいなんだけど、結局ダメで。それで、みんな都市から撤退する時期があるわけです。

六〇年代はメタボリズムの時代で、未来志向で新しいものを作ろうとしていたから、作り出すばかりで、過去を評価することってあまりなかったんですね。結果的に既存の都市空間とか歴史的に存在しているものに対して無関心なんですよね。そこへの反省もあって、建築側にも歴史を知ろうという機運が出てきた。

たとえば、伊藤ていじさんを中心に一九六五年ごろから、デザイン・サーヴェイという調査の活動が始まって、過去の日本の中にずっと存続している空間を評価し始めた。

法政大学では宮脇檀さんがデザイン・サーヴェイをおし進め、奈良盆地の稗田という集落とか、金比羅の参道とか、木曽路の宿場町の馬籠とかをどんどん調査し始めたり、明治大学の神代雄一郎先生が、漁村コミュニティに絞って調査し始めたり。日本の漁村は地形的に背後に丘や山が迫っていて、景観的にも面白いところがある。お祭りのときの使われ方も調べていたし、それから、労働を共同でやるから、ただ個人個人でつながるだけじゃなく、農業以上に、漁業は連携してやるから、ある種の広場、作業場としての広場、お祭りとしての広場みたいなものも集落の中に取り込まれている。空間の仕組みとしてたいへんダイナミックで、精力的に調査をしていました。

ただ、デザイン・サーヴェイで取り上げたところというのは、近代化してどんどん拡大し、活発になっていく大都市とはぜんぜん違う世界でした。取り残されて、マイペースで、「結果的に」保存されているところが選ばれたわけで、東京や大都市は対象になるはずもなかった。僕としては大都市東京を扱わなきゃいかんと思っていて、それを分析する方法が欲しかったので、イタリアのヴェネツィアに留学したんですよね。ヴェネツィアに行って、大都市についても応用できそうなやり方を学ぶことができた。

でも、伊藤ていじさんはさすがに都市を見る目があって、日本の広場と、日本の都市空間みたいなものを並行して考えていましたね。伊藤さんが関わって刊行された『日本の広場』には、日本人がつくってきた歴史の中にも広場はあるんじゃないかという提示がある。やっぱり、当時の建築家が考えていたのは、ヨーロッパの広場、市民広場だし、丹下さんが典型です。新宿都庁舎の前の空間も、まるでシエナのカンポ広場のようですよね。前川國男さんの世田谷区役所の広場だって、ヨーロッパの広場からインスパイアされたもの。伊藤さんはそれに対してアンチテーゼを唱えた。

伊藤さんは日本の中世・近世にも都市的な場所があったんじゃないかと考えたんです。それまでは、中世の都市というのは、あったとしても、新潟や堺のような商人の町や、奈良県の「寺内町《じないちょう》」のように、寺の権力が自治を担って住民と一緒に守っていたという自治都市ですよね。それ以外には日本において、公共性とか市民自治とか町衆の自治というのはなかなかクローズアップされてこなかったんです。

八〇年代の江戸ブームによって新たな都市空間論が注目された

――八〇年代前半に江戸ブームになって、そこで初めていろんなことが検討されるようになってきた。たとえば、橋のたもととか、河原とか、お寺や神社の境内といったところは、権力（警察権力）が入ってこない、追いかけてこない、「隠れ家」のようなものだった。拡大解釈するとすれば「解放区」というか。そういうのが日本にもあった、とか。そこに旅芸人とか商人とかいろんな人たちが集まってきて、既存の土地に根を下ろしていない、自由な人たちが集まってきて、パフォーマンスをやったり演劇をやったり、それが民衆を喜ばせた。

江戸時代の盛り場はみんな橋のたもとでね、地形を生かしてつくられた城下町・金沢でも、盛り場というのは香林坊とか片町とか橋のたもとですよね。川沿い、河原の思想です。金沢には川沿いに主計町《かずえまち》というお茶屋街もあって、大阪の道頓堀もそう。京都は中世から近世までずっと四条河原で、歌舞伎もあの辺から生まれた。

歴史家の網野善彦さんが言っていることで面白いのは、日本の社会はずっと荘園とか、土地が中心で、農本主義。だから日本の民俗学だと、柳田國男もそうなんだけれど、みんな、農村を扱いますよね。都市をまともに扱う民俗学なんて、ほんとになかったんですね。宮田登さんがようやくチャレンジしたんだけれど、あんまり定着していないですね。人類学だって都市を扱う人類学っていうのは比較的少ないですよね。

土地をもつと人が保守的になるのは当然ですよね。しっかりした、がっちりした共同生活をつくって、それにがんじがらめになる。そういう枠組みから外れているのが「川沿い」なんですよね。かつては「自由空間」は、けっこう「川沿い」にあったと思うんですよ。権力の方で制御しにくいから。

広場が軍事的になり、居心地より見通しの良さを重視された時代

――カミロ・ジッテの『広場の造形』っていう名著が非常にわかりやすく解説しているんだけれど、ルネサンス以後の広場って、権力がつくるから、格好の方を気にするわけ。象徴的な、かっこいい形態にする。シンメトリーに従うとか、真ん中に騎馬像を作ったり、噴水を置くとか。

イタリアの場合は、フィレンツェやヴェネツィアが拡大していって、もともとは都市そのものが国だったんですけど、一六世紀、ルネサンス以後、ヴェネツィア共和国が大きくなってくると、権力構造が反映したような都市づくりに変わっちゃう。それ以前の中世は自治都市なんです。

カミロ・ジッテはそこを分析して、中世の広場っていうのは、囲われていて人間が真ん中に集まれる、いろんな目的で使える。だから、いろんな催し物が行われた。広場への道はさりげなく端っこから入れて、そうやって入っていくと、真ん中でいろんなことが行われている。広場に噴水もあるんですけれど、それは人間や馬が水を飲めればいいだけだから、真ん中にシンボリックにあるんじゃなくて、ちょっと端っこに寄せているんです。

ところがルネサンスになると、馬車が入ってこられるように道を切り開く。軍事的になるとも言える。パリは完全に軍事的になってくる。そうすると、人間が心地がいい居場所って

いうよりは見通しが利くことが重視される。バロック建築がそうなんですね。バロックって、権力を誇示する舞台づくりになっていくので、ページェント（野外劇／仮装行列／ショー）も大がかりになる。主役が民衆、住民じゃなくなっちゃう、というところがありますよね。押し付けられて、演じてはいるけれども。

三浦：それは今回のわれわれの本のテーマにも通ずる現代的な話ですね。

——そうそう。中世の広場っていうのは身体的にフィットしているし、居心地がいいし、バリエーションも多いし。地形とか場所の条件を活かしている。既存のものに縛られながらつくっている。たとえば古代にそこに広場があったとすればそれを転用させながらつくるんです。シエナのカンポ広場は、すり鉢のような地形を利用しているから、壁面が反っちゃったりして。

南後：カンポ広場は細い路地のところから入っていくんですよね。そこからいきなり広場がひらけてくる。

——そう。わざとトンネルにしておいて、広場に入った瞬間パッと視界が広がるからドラマチックなわけ。競技場に入るような感じ。それで、広場に立っている人から見ると、壁面がずーっと囲んでいるように見えるので、集中感があるんですよ。よっぽど中世の方がドラマチック。

だけど、だんだん机上で考えて、真っ直ぐ線を引いたりして設計するようになるのがルネサンス以降なんです。そうなると、造形的にはかっこいいんだけど、押し付けられたような感じになる。

それと、ロータリーの思想が導入される。ロータリーは今もよく使われているヨーロッパの仕組みだけれども、これが広場に入ってくる。あれは人間のためじゃなくて、クルマのためですからダメですよ。カミロ・ジッテの『広場の造形』は馬車交通が広場に入ってきた頃に、批判として出てきた。日本で評価が行われたのは、たぶん、近代批判の文脈で七〇年代に入るころじゃないですか？　一九六八年に美術出版社から翻訳が出たんです。

一九六五年の『ＳＤ』の創刊号も広場特集だったんですよ。イタリアの広場が大々的に宣伝されて、磯崎さんも巻頭論文を書いてるんだけど、ちょっと冷ややかなんですよ。広場に幻想を持っちゃいかん、と。コミュニティがそれで生まれるとはとても思えない、と。もう、そういう空間の形式と人間の集団の一対一の関係なんてない、もっとダイナミックなんだ、と。そういうマニフェストなんだけど、でも、やっぱり広場が好きなんですよね、きっと。

面白い特集でしたよ。

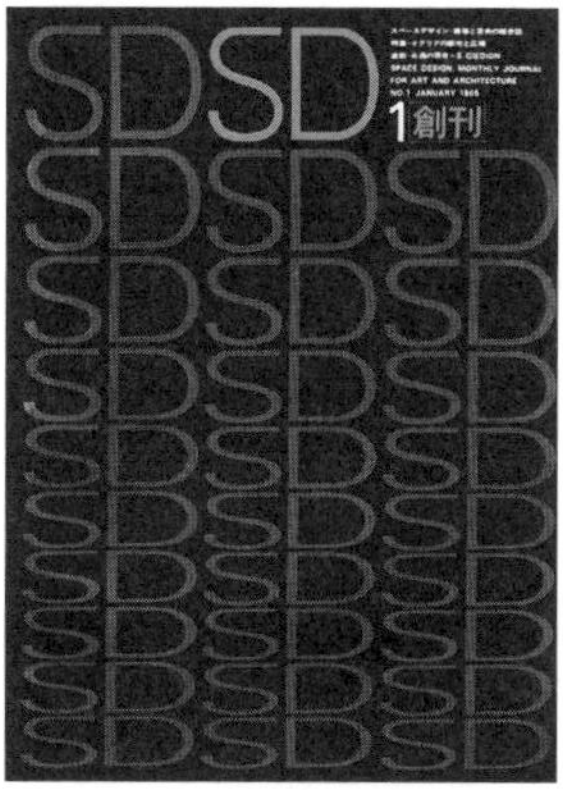

図2-27　広場特集が組まれた『ＳＤ』創刊号。（1965）

ヨーロッパには広場があって、公園はなかった

――イタリアでは、公園に木はあっていいんですけれど、広場はペーブ（舗装）されて、木なんかない。ベンチもあっちゃいけない。みんな立ち話する。ヴェネツィ

アにあるサンマルコ広場は見事に人工的に舗装されて、建築だけがつくり出した空間で、自然の要素はゼロなんですね。

もう一方、ヴェネツィアにはちっちゃい島が二〇〇くらいあるんだけど、その代表的な七〇の島の教区のそれぞれにカンポという広場、教区教会堂が必ずあって、そこが九世紀ぐらいから広場の形態を徐々につくって、一五〇〇年ぐらいまでに立派な広場にしちゃうのね。その過程で、重要なところから舗装をしていくんですよ。

一五〇〇年の見事な鳥瞰図があるんだけど、三つ四つのカンポ広場は舗装されてるんだけど、他はまだ地肌が見えているんです。木も植わっている。カンポっていう言葉は、「野っ原」とか「菜園」とかそういう意味。木が生えていた野っ原の状態から始まって、それがだんだん都市化して、造形化して、広場に造り上げられたプロセスがあって、一五〇〇年頃、広場になった。その過程で広場に木はあってはいけないということになったんです。

ところが、一九九一年に研究のためにイタリアで生活した時には、木がすくすく育ってしまった、緑あふれるカンポ広場がいくつもあって、木の下にはベンチも置いてあるんですよ。考えられない変化だった。

もともと歴史的には、ヨーロッパには広場はあったけど公園はなかった。一九世紀のある段階から、王侯貴族のプライベートな緑地あるいは狩りの森だったものが、公共空間として開放された。だから、自然があって庭園的なんです。樹木がいっぱいあって、花壇もあって。

その後、広場と公園が公共空間として生まれてくるけれど、明らかに二つは違っていた。

立地も違う、造形、使い方も違う。見てくれが違う。広場は、都市の中にあるわけで、そこは舗装されていて、建築的で、ベンチはない。

広場は、国王の儀礼とか、いろいろなスペクタクルをやる空間だったので、多目的に利用しますから、木なんかあったらいけないわけですよ。でも今は、犬を連れて散歩するのに格好の場所になってる。一度つくったものでも、使い方や意義はどんどん変わるんですね。だんだん、お互いに、相乗りになってきている。特に八〇年代以後、緑の思想がずいぶん入ってきたんです。

日本は公園と広場が相乗りになっているところがいいんですよ。しかも、いろんな組み合わせがあるじゃないですか。世田谷区役所の前は、広場でしょう。都庁舎の前も、広場でしょう。新橋駅前のあの機関車があるところは、やっぱり広場でしょう。阿佐ヶ谷駅前は噴水があって木もある。渋谷駅のハチ公前も広場ですね。

日本の公園は、人が飼い馴らされる空間

三浦：日本では、緑のある公園を「広場」って呼ぶ習慣があるじゃないですか。僕の子供が遊んでいたところに「三角広場」っていうのがありますが、そこにも緑があった。公園の中の人が集まるところには「広場」って書いてありますね。

――そういう意味でいちばん面白いのは、昭和初期の震災復興小学校の隣につくられた小

公園。あれ、図面が残っているんですけれども、真ん中に「自由広場」って書いてあるんですよ。それで周辺に、二、三割の緑地を取るんですね。いろんな木を植えて、植物観察ができるんです。まわりにプラタナスがめぐっている。それで、真ん中の五割か六割が自由広場。児童遊具を置いて、児童公園をつくるんです。ジャングルジム、シーソー、砂場、滑り台などがセットなんですけれど。それがいちばん残っているのが、じつは、元町公園っていう御茶ノ水と水道橋の間の外堀通り沿い。森の中に潜んでるので、気がつかないんですけれども。これらは「広場」って言葉が表に出てきた早い頃のもので、やっぱり当時の人の広場への憧れが感じられる。

三浦：あと、「広場」ってよくメタファーとして使われますね。ラジオ番組や雑誌のコーナーによくある「みんなの広場」とか。言いたいことを言い、やりたいことをできるよ、っていう意味では、ちゃんと使われているんですよね。

――そうそう。「フォーラム」って言葉もそうやって使うじゃないですか。もともと、ラテン語の「フォルム」が「広場」で、それが英語になると「フォーラム」になるんです。

三浦：だからおそらく僕の子供が行った「三角広場」も、「三角公園」だとやっちゃいけないことが多いけれど、「広場」だと何をやってもいい、みたいな、自主管理的なニュアンスがありますね。大道芸やってもいいし。

――そうですね。「原っぱ」ですね。もともとの子供は公園では遊ばなかったわけです。路地で遊んだり、川で遊んだり、原っぱで遊んでいたのが、都市化されていく中で、遊ぶ場所がなくなっちゃうから、人工的・計画的に遊ぶ場所を提供しなきゃいけなくなってきて、それで公園、児童公園ができるようになってきた。反面、そこでしか遊べなくなってしまって、野性味がなくなる。

八〇年代だと思いますけど、朝日の「天声人語」で、日本語から野原の「野」ってのが消えていっていると書いた人がいる。「野性」とか、「野原」、「野っ原」、「野武士」とか。奥野健男さんが書いてることだけど、「原っぱ」は「縄文」的なものに繋がるんですね。飼い馴らされていない、狩猟民族のたくましさというか、そういうものが消えていってる。

だから、「公園」は人が飼い馴らされてるんだよね。だからこそ、安心して行ける。ベビーカーを押して行けるんです。だけどちょっと……、僕なんかは公園があまり好きじゃない(笑)。もちろん、デートで使うとか、公園にお世話になることはあるんですけど、「広場」のほうがいいね。

それとも関係すると思うんですけれども、ランドスケープデザイナー、あるいはアーバンデザイナーの仕事として公園づくりをするのはいいんですよ。だけど、広場とか街路をアーバンデザインの対象としてお金をつぎこんで公共事業としてやるのは日本では難しいらしいんですよ。パブリックスペースとしての「広場」とか「街路」を、アメリカやヨーロッパのようにデザインするチャンスがなかなかないらしい。

ヨーロッパでも広場を人間の手に取り戻す動きはあった

南後：一九六〇年代後半から七〇年代にかけての広場再評価は、たとえばモータリゼーションを背景に、人間的尺度にもとづいた都市を復権するといった、一種の近代都市批判として起きたと捉えていいのでしょうか。

——当時はまだ「広場」っていうと西洋的なものだった。だけど、それはおかしいなという考えもあって、日本なりの広場を発掘した成果が『日本の広場』になった。同時に、日本的集落や、町並——町並って言葉はそれまであんまり使ってなかったかもしれないけど——、集落空間、そういうのを、デザイン・サーヴェイがやっていたんですね。その中で日本の漁村の広場の研究は、先ほどの神代さんがずいぶんやられていたと思う。もっと身近な、自分たちの経験の中から広場を浮き上がらせようという試みはあったと思う。ヨーロッパでも、広場を人間の手に取り戻すという動きはあった。歴史的街区、ダウンタウン、都心部がどんどんクルマを閉め出して、歩行者空間化していくようになる。イタリアもがんばったけれど、やっぱりドイツが早かったですね。オランダやベルギーも。

イタリアでは北イタリアなどの先進的な地域の方が早くて、ローマはちょっと遅かった。小規模な都市は早くからクルマを閉め出したりしたんですね。そして、そういうときにモデルになるのがヴェネツィアなんです。ドイツ、ベルギー、オランダとか、もっと北欧の方も、時間をかけながらだけど、ＬＲＴ（ライトレールトランジット）を導入したり、都心部にはプライベートなクルマを入れないようにさせて、公共交通と歩行者と自転車という三つの動線をうまく組み合わせる方向に変えていくわけです。

三浦：一九七〇年代以降の日本では、広場づくりのムーブメントは、都心よりもむしろ郊外ニュータウン開発で実現する方向に向かったんじゃないでしょうか？

――そうかもしれません。僕は郊外ってあまり行く機会がないから、正確にはわからないところもあるけど、直観的にはそうでしょう。

商店街ってヨーロッパだと都心に行かないとない。だけど東京はその商店街の遺伝子がどこの駅前にもありますよね。飲み屋、ミニ盛り場がある。高円寺や阿佐ヶ谷や荻窪や西荻や吉祥寺は、近代の町なのに、駅あるいは駅周辺が非常に重要な役割を果たしている。でも、中央線でもある程度西側まで行くと、商店街が成立していないところがありますね。

三浦：石川栄耀《ひであき》の言ったように、日本では商店街が広場の役割を果たしているとしたら、商店街のない郊外では広場をつくることが必要だったかもしれません。

――一九七〇年代のもうひとつの動きは、「景観」の重視です。七三年にオイルショックになって、日本経済が低成長、安定成長に入ると、その間に、いろんなものが試されるわけですね。大型開発はできなくなるから、建築家はどうしたらいいかわからなくなった。その間に、今度は「景観」っていう考えが土木から出てきたんですよね。樋口忠彦さんや中村良夫さんとか、篠原修さんとか。建築の世界で景観ということを早くから言っていたのは、芦原義信先生なんですよね。それで『街並の美学』が刊行されたわけです。

面白いことがあって、篠原修さんは景観の方のリーダーのひとりだけれども、最近、リタイアした後の彼が、「建築」の再評価をする論文を書いているんです。前川國男さんを含めて、建築の分野の建築家がやってきた仕事を、彼の景観とか土木の立場から再評価する。前川さんの作品を、アーバンなコンテクストで解説するというもので、非常に面白い。特に芦原先生が『街並の美学』から『隠れた秩序』にシフトしていくあたりの論考を、「まだ矛盾だらけで……」と書きつつも、かなり評価して、自分なりに意味付けようとしているんです。それで、景観が建築にとって非常に重要になってきたんだけれど、自分たちにとっての最大の恩人は芦原義信であるってはっきり打ち出していて。僕がそれを息子の芦原太郎さんに教えてあげたらすごく喜んで。それぐらい景観を語る建築家はいなかったんですね。

商業建築が人の流れに応じて広場をつくった

藤村：広場と公園の違いでいうと、新宿の三井ビルのサンクンガーデンでは木を入れてましたね。

――ああ、あれは重要ですね。滝もつくったりして成功しましたね。つくられたのは七四年で、設計は池田武邦《たけくに》さんですよね。ニューヨークを大いに意識してる。何がいいかというと、クルマが支配する非人間的な地上の空間から遮断して、人間だけの空間をその下に実現した。新宿で今でも光っているのって、あれだけですね。他はみんな、植え込みで囲んじゃって、最悪なのは住友三角ビル。吹きっさらしで、とてもいたたまれないですよね。美的には考えただろうけれど。機能的にゼロですよね。

南後：水を使った演出でいえば、一九七〇年の大阪万博前後、たとえば阪急三番街が、地下に人工の川を流した広場をつくって話題になりました。今回の本では、消費社会に突入する転換点だった大阪万博以降、広場は、六〇年代後半のような政治や闘争の場でもなく、建築家が市庁舎のために設計した公共的な広場でもなく、商業施設の中へとシフトしていったのではないかという見立てがあります。七〇年代以降、商業施設を人の流れや滞留を計算して計画するという動きが出てきて、広場は商業施設に埋蔵されることになったのではないかということです。

この点に関して、陣内先生の『東京の空間人類学』で示唆的だと思ったのが、東京では広場が交差点や駅前広場など、都市の中で人々が移動する流れに応じながらできてきたという指摘です。これは、人の流れを把握し、できるだけ多くの人を集めて売上を伸ばそうとする商業施設の論理にもかないますし、なぜ商業施設が広場をつくろうとしてきたかを理解するうえで合点がいく指摘です。

——それはありそうですね。一九六〇年代の都市のつくり方は、古いものをクリアランスして、新しいものにリセットしてという方法で、その最大の象徴が新宿駅西口広場。ところが、あそこで広場としての幻想をつぶされちゃって、それでその後、みんな自信を失っちゃったのが七〇年代。その中で商業資本、民間の力ががばあーっと出てきた。渋谷が象徴的で、だから公共事業はやらないわけです。そして公園通りは、クルマ中心じゃない方向に行ったし、既存の都市空間を組み替えたわけです。そこに大成功の秘密があったと思う。でっかい広場はできないけれど、一種のポケットパークをつくったわけです。ウォールペインティングをしたり、ストリートファーニチャーを置いたりとか。パルコPART1の前にベンチがあったし、それが日本の広場の大きな転換だった。みんなが親しむ日本的な広場が出てきたので、それは、考えて行くと芦原先生の『日本の広場』の中のソニービルの角地に起源がある。あれは面白いんですよ、一坪広場で。芦原さんがソニーの盛田さんを口説いて、土地を提供してもらって、そこに季節感あふれるしつらえをする。あれは、珍しく成功した日本らしい広場です。

ニューヨークでも、ハーレムなどで都市再生をするのに、角地にガーデンみたいなものをつくったり、「なんとかポケットパーク」みたいな言い方をしていたから、これは都市再生の非常に有力な、みんなが参加できる手法になったようですし、普遍性はあると思います。なかでも、ポケットパークを上手に活かしたのがラフォーレ原宿。店の前のちょっとした広場が、ポケットパーク日本版の非常に重要なもので。あそこに一本の木があるでしょう?欧米では、広場に木ってのはあんまり似合わないものとされていたんですよ。イタリア人の歴史的感覚から言えば、広場に自然はあっちゃいけないんです。

都市の公共空間という意味では、日本ではデパートの屋上が面白いですね。もともとは、関東大震災後の復興からデパートの屋上が利用されたっていうのは歴史的に知っているんですけれども、どうして震災後にデパートの屋上を活用するって流れになったのか、誰が最初に考えたんですかね。

いちばんすごいのは、浅草の松屋、それと東横。両方ともロープウェイがあったんですよ。ロープウェイがあって屋上庭園がある。屋上庭園の考え方が日本に入ってくるというのは、その頃ですよね。同潤会アパートも、屋上に洗濯場とか、物干し場とか、共同利用しているんです。

あと、お稲荷さんが屋上にあるケースも多いでしょう。関東大震災で、大々的に区画整理をやると、路地が否定されたわけ。すると、お稲荷さんはみんな路地にいたのに、居場所がなくなって、でもたたりが怖いから屋上に乗せちゃえ、ということになった。

それと、僕たちの子供の頃は、動物園とかペット小屋とか、そういうものも屋上にいっぱいありました。それから、ミニコンサートもやった。いちばん受けたのがビヤガーデン。高度成長期の、大衆化した繁華街、盛り場のデパートの定番でしたよね。

まあ、屋上にこんなに急に広場が出来てくるっていうのは不思議な気がするんだけど、最近は、武蔵小杉のショッピングセンターの屋上にベビーカーを押した若い母親が来るような広場ができたり、近年また急に拡がっていますね。

都市の回遊性は日本の特徴

――商業との関連だと、博報堂の『タウンウォッチング』が人の流れを見事に解説しているんですよ。あれは僕の『空間人類学』と同じ年に出たんです。八五年に江戸ブームと東京ブームが一緒に来たんですね。それで、ああいうマーケットリサーチ系の都市を読む作業が始まっていた。それが同じ頃、「分衆」とか「少衆」といった議論とも結びついていた。

一方で八四年に森まゆみさんたちの雑誌「谷根千」が創刊された。人と都市、人と場所の関わりが、いろんな意味で変わっていく時期です。

あの頃からすでに、情報なんていっぱいありすぎるなんて言ってたんだけど、「谷根千」が掘り下げて発信した情報は、すべてが新鮮だった。あんなにちいさな地域のなかで、ちゃんとリサーチしてヒアリングして資料も扱って、毎回特集主義で、そして誰も知らない、面白い、ローカルだけど普遍性があるものをつくっていた。扱っているのは「大衆」じゃないんですよね。ひとつひとつの場所を掘り下げる、あるいは、個人個人と場所との関わりを大切にする、そういう視点が強烈に出てきたのがあの頃じゃないですかね。人々の行動をマスとして、量として把握して商業空間をつくるんじゃなくて、もうちょっと機微のあるというか、人の心のニュアンスを読み取りながら街をおもしろくしましょう、っていう流れが出てきた。その象徴が『タウンウォッチング』だった。

この本でいちばんのキーワードは「回遊性」なんですよ。それって日本らしいなあと思ったの。一箇所にとどまる、広場にとどまるんじゃなくて、めぐって歩くわけですよね。回遊性は日本の思想。庭園の設計の仕方も違うわけ。めぐる自由が選択できるわけなんです。その途中で、東屋とか茶室とかでくつろいだり、いろいろ歩きながら、行動にバリエーションがあるわけです。そして、ゴールを見せないんですよ。街の回遊性では渋谷がいちばんうまくいったんです。

その時代以前は、盛り場で建築をつくるという仕事は、あまり依頼がなかったと思う。盛り場っていうのは建築でできるものじゃないから。もちろん、銀座の繁華街は一九二〇年代に建築家がつくったんですね。銀座煉瓦街から始まって、和光、アールデコの建築もいっぱいそろっていて。震災以降のバラックにもすごく面白い建築がある。建築が都市空間をつくった最初はやっぱり銀座だと思う。でも、銀座は盛り場というより繁華街。やっぱり女性がおしゃれをして行く場所ですよ。

盛り場っていうのは、大衆の欲望のかたまりで、飲み屋街があって、猥雑で、ちょっと怪しげ。すごく面白いと思ったのは、松澤光雄さんの「盛り場三重構造論」。駅のまわりに昼間に人を惹き付ける空間ができる。ここでは女性が主役。新宿がわかりやすいんだけれど、中村屋とかタカノフルーツパーラーとか、紀伊國屋書店、伊勢丹まで。これが第一。第二が夜の空間で歌舞伎町などの飲食店。そして、第三の「奥」が深夜の空間でラブホテル。この構造はたしかに渋谷にも当てはまる。回遊するポイントポイントに広場が分散的に出てくるっていうのが日本の新しい広場かなあと思ったんですよね。

八〇年代の前半、「東京が安全地帯になった」っていう議論があったんです。暴力と死とセックスが都市からなくなった、と。それは非常によくわかった。なぜかというと、女性が主役になったから。都市、特に商業空間、盛り場は男性が主役で、男に女がサービスするっていう時代がずっと続いていたんですよ。男の論理で都市ができていくと、いかがわしいところもオッケーなわけだし、闇があった方がいいわけだし、「奥性」があっていいわけです。それで盛り場の三重構造があるから回遊性があるんですよね。

東京の水辺に色気がなくなったことが最大の損失

――イスラムのことも僕は研究していたんですが、イスラム世界には「広場」ってないんです。あるとすると、イランの古都イスファハーンに王様がつくったでっかい広場。昔は「王の広場」と言っていたのが、革命が起きて「イマーム広場」という名前になっちゃう。僕は王の時代に行って、見たんですけれど、ものすごく華麗でバロック的ですばらしい広場。そこに隊商が来て野営をする場所にもなる。そこからバザールが始まって、それまでとまったく違う、伝統的な古い空間に変わるんですけれども。

もう一件、イスラムのすごい広場は、モロッコのジャマ・エル・フナ広場っていうんだけど、これはとんでもない見世物広場で、世界一のスペクタクル空間。お酒はみんな飲まないんだけど、みんな興奮して夜遅くまで熱狂に包まれるんです。コブラとマングースの闘いとかね、毎晩毎晩毎晩、みんな行くんですよ。飲食っていってもアルコールはないんだけれど、屋台はこうずら〜っと並んでいて、すごいですよ、まさに都市の原点。

この二つは対極的で、ジャマ・エル・フナ広場はヴァナキュラー。イスファハーン広場は王がつくった。でもこの二つは異例でもあって、一般的にイスラムの広場というのは、アレッポとかダマスカスに象徴されるんですけれども、みんな中庭型なんですね。中庭にみんなが入って、交流するんですよ。くつろいだり、時間をつぶす。そういう分散型の広場であり、ネットワーク型。それは社会組織ともつながっている。

そういう在り方が日本とどこか似てるなあと思ってずっと考えていたんです。ヨーロッパとはちょっと違う。ヨーロッパは都市の権力が自律的に出てきて、市庁舎があったり、広場をつくったりする。広場がなんとなくできることはないんですね。つくる主体と理由と機能がある。

対して、広場がなんとなくできちゃうのが「河原」だけれども、これは自然現象。さっき言った「暴れ川」だから、土砂が堆積して河原ができるんで、そこを人間の側がうまく利用した。パリと東京の比較で見ると、セーヌ川のように隅田川をすればいいかというと、僕はそうじゃないんじゃないかと思う。

セーヌ川沿いって、大型の公共建築ばかりなんですよね。ルーブル美術館とか、大蔵省とか。見事にライトアップしたりして、あの区域全体が世界遺産になっているけど、みんな国家的だったり公共的だったりする。

アラン・コルバンっていうアナール派の論客と対談したことがあって、そのときに、パリで娼婦はどこに出てくるか、いかがわしい場所はどこにあるかって聞いたんです。東京は隅田川沿いが、いかがわしいところになるというのと対比してね。

パリもシテ島のはずれにドーフィン広場っていう三角の広場があるんですが、それは一六〇〇年前後の後期ルネサンスにつくられた広場なんです。先にポン・ヌフという新しい橋も一緒に建設されました。どちらも国家がデザインしてつくった象徴的なものです。こうして一八世紀以降になると、セーヌ川沿いにはもう、いかがわしい場所はなくなったそうです。それ以降は、国家的なモニュメントばかりが並ぶ空間に変わったそうで。そもそもフランスっていうのは市民自治がなかったので、イタリアやドイツやベルギーみたいな広場文化がないんですよ。

東京の隅田川は、今でもごちゃごちゃしていて、民間の小さな建物が並び、商売をしながら住んでいたわけだし、そこでみんなが楽しんでいた。日本の場合は水辺に広場があり、盛り場があり、名所があり、民衆のエネルギーがあり、色気があった。現代の日本、特に東京は、水辺から色気がなくなったことが最大の損失ですね。

（二〇一五年、東京にて）

■陣内秀信（じんない・ひでのぶ）　法政大学デザイン工学部教授
一九四七年、福岡県生まれ。専門はイタリア都市史・建築史。パレルモ大学、トレント大学、ローマ大学にて契約教授を務める。地中海学会および都市史学会会長。著書に『東京の空間人類学』『ヴェネツィア――水上の迷宮都市』『イタリア 都市と建築を読む』『水の都市 江戸・東京』『広場』（隈研吾との共著）など多数。

第3章

八〇年代 埼玉という場所

「コンセプトの時代」の一断面

◆

藤村龍至

本章では一九七〇年代から八〇年代前半という時代を「埼玉」という場所に焦点を当てて考察してみたい。五五年の住都公団設立、五六年の首都圏整備法の施行後、埼玉県には「ニューファミリー」と呼ばれる団塊の世代前後の子育て世代が集中的になだれ込んで独特の文化圏を作った。なかでも所沢をひとつの拠点とする西武グループは、西武鉄道の堤義明、西武百貨店の堤清二、そしてPARCOの増田通二らが様々な仕掛けを講じ、若々しい輝きを放つ場所となった。ここではまず、それらの仕掛けを建築の観点から振り返ってみたい。

西武グループによる様々な仕掛けは、若い世代を捉え、全国的に若々しいイメージを発信した反面、その歴史性のなさから、「ダサイタマ」と貶められ（八一）、「第四山の手」とフレームアップされ（八六）、埼玉県が主導して「彩の国」の愛称が設定される（九二）などそのイメージをめぐる試行錯誤を生んだ。

所沢は大宮や川越、熊谷など埼玉県内の各都市と比較しても特に歴史性が薄く、西武ライオンズ球場（七九）や新所沢PARCO（八三）のオープンなど新鮮な郊外都市のイメージを発信してきたものの、やがて連続幼女殺害事件の宮崎勤によって犯人の住所とされ（八八〜八九）、ダイオキシン騒動によって風評被害を被り（九五〜九八）、オウム真理教事件の潜伏先（二〇一二判明）となるなど、イメージの虚構性を暴くような出来事が続き、加えて一斉に流入した新しい住民が一斉に高齢となった二〇一〇年代以降は、デパートや遊園地、野球場の客足は鈍り、現在では往年の活気をすっかり失ってしまったように見える。

ここでは一九七〇―九五年にかけての所沢の近過去を振り返り、現状を概観することで、ある意味で「虚構の時代」の中心地のひとつとなった所沢の歴史的役割と、八〇年代という時代のもつ意味を考えてみたい。

青い帽子

少しだけ私的な体験を振り返らせて頂きたい。一九八〇年、私の家族は埼玉県所沢市のとあるニュータウンに引っ越しをした。私の父は東京都小平市の大学で教えていたので職場からも近く、それまで住んでいた東京都保谷市から転入するにはちょうどよかった。私は当時まだ四歳だった。引き渡しの時、プレハブの現地事務所で鍵を渡され初めて家を見に行った時は前面の道路が工事中でまだ砂利だった。引っ越しのときには真新しく真っ黒なアスファルトが敷かれていた。ニュータウン全体に入居が始まったばかりで、バスはまだ走っておらず、下山口駅から茶畑のなかを一五分ほど歩くか、あるいは所沢駅からのバスの停留所で降りて一〇分くらい歩くかしかなかった。バス停を降りると商店街があり、その入り口に小さなスーパーがあった。

八三年、ニュータウンの建設と共に新設された小学校に入学し、通い始めたある日、父に買ってもらった野球帽をかぶって登校すると、周りの同級生たちに揶揄《からか》われた。父は神戸の出身で阪神ファンだったので特に何とも思わずに自分の好きな球団の帽子を買ってきてかぶせたのだと思うが、クラスのなかは西武ファンが七割、巨人ファンがせいぜい数名、というところで阪神ファンは私だけだった。私が通っていた小学校は西武球場に近く、当時の小学校の休み時間の会話のほとんどが西武ライオンズの話題で「石毛」「東尾」という固有名詞が飛びかっているような状態だった。

私はまだ幼すぎて当時の野球の状況がわからず、クラスの同級生がなぜ一様に「西武」の青い帽子をかぶり、西武の話ばかりをしているのか理解できなかったのだが、振り返れば当時の所沢は七九年に西武鉄道系列の国土計画がクラウンライター・ライオンズ（旧西鉄ライオンズ）を買収、西武ライオンズ球場をオープンさせたばかりである。八二年には日本シリーズで中日を破って初優勝を果たし、翌八三年も日本シリーズで連続優勝するなど快進撃を続けていた。

痛快だったのは八五年の秋の日本シリーズであった。あの弱小阪神タイガースが突然勢いに乗り、セリーグで優勝、西武ライオンズを四勝二敗で破って優勝したのだ。にわかに阪神ファンになる人も現れて、プレッシャーから解放されたような気分になった。阪神ファンは無事市民権を得て、タイガースの帽子をかぶっても馬鹿にされなくなった。

青い看板のデパート

その年の暮れのことであったと思う。工事している所沢駅西口のロータリーで父とタクシーを待っていた。工事していたのは翌春にオープンすることになる「WALTZ（ワルツ）」という再開発ビルで、そのキーテナントが西武百貨店所沢店だった。

それまで所沢でデパートといえば、オレンジ色の看板の「ダイエー所沢店」であったが、ワルツの看板の色はライオンズの青より少しだけ深い青だった。ベージュ色のビルに取り付けられた青い看板がアクセントカラーとしてとてもクールで、ギザギザのフォントでつけられた「WALTZ」という看板とともに現代的な雰囲気を感じた。

「WALTZ」のなかにはあちこちにテレビモニタがあり、映像が流れたり、文字情報が映し出されていた。自転車のオブジェがぶら下げられていたのは「所沢が自転車の街だから」という理由であったと知ることになるのは、高校生になった一九九二年頃『セゾンの歴史』という本を図書館で見つけてからだった。セゾングループの社史『セゾンの歴史（上・下）』『セゾンの発想』『セゾンの活動』（由井常彦編、橋本寿朗・小山周三著）は一九九一年に発刊された、青い装丁の本であった。

小さな公共図書館に、若い一企業の社史がストックされるのも不思議に思えたが、企業史といってもリブロポートから出版された刊行物であり、時代状況を俯瞰するように書かれ、所沢のことも多く扱われているので常備されたのだろう。それまで謎に思っていた西武百貨店のことを事細かに知ることができた。深い青色の看板や二重円の包装紙は田中一光のデザインだということもそのときに初めて知ることとなった。

九〇年代に入り、高校に入るとセゾン美術館に通うようになった。一二階にあった西武美術館は八九年一〇月には別館である「SMA館」に移動し「セゾン美術館（Seazon Museum of Art）」と改称していた。そこで行われた「安藤忠雄建築展：新たなる地平に向けて——人間と自然と建築」展（九二）の広告を電車で見つけ、なんとなく面白そうだと出かけた先で「光の教会」のドローイングを見て衝撃を受け、建築を志すようになった。高校一年だった九二年六月のことであった。

「西武」の空間に支配されて

今思えば、私は一九八〇年代を西武の空間に支配されて過ごした。同じく六二年から七五年までを西武線沿線で過ごした政治思想家の原武史は『レッドアローとスターハウス』のなかで以下のように述べている。

　西武バスと西武鉄道に乗らなければ、どこにも行けなかった。買い物は、池袋の西武百貨店だったり、駅前や団地内にある西友ストアーだったりした。小学校時代、手近な行楽は西武園や豊島園、遠足は村山貯水池（多摩湖）や山口貯水池（狭山湖）、飯能の天覧山や名栗川、あるいは西武秩父線沿線の奥武蔵ハイキングコースと決まっていた。

私が西武線沿線で過ごしたのは原が東急線沿線へ引っ越した翌年の七六年から二〇〇〇年までであるが、確かに西武バスと西武鉄道に乗らなければどこにも行けず、西武百貨店や西友で買い物をし、遠足は村山貯水池（多摩湖）や山口貯水池（狭山湖）、飯能の天覧山や奥武蔵ハイキングコースであった。私はさらに「セゾン美術館」で見た展覧会で建築を志したのでその後の人生まで支配されているのかも知れないが、似たように感じている西武沿線住民は多いことであろう。

コミュニティでも市町村でもなく、鉄道会社に「支配されている」という感覚は首都圏と近畿圏にしかないものかも知れない。鉄道会社がバス、デパートやストア、レジャー施設など生活圏の細部にまでサービスを提供し、そのサービスの質がそのまま生活の質となる感覚は阪急電鉄を始めとする関西私鉄に顕著であるが、関東では並走するＪＲや他社の路線がほとんどない西武と東急に顕著な感覚かも知れない。

神戸で育ち、広島で終戦を迎えた私の父もまた、大学受験のため上京した後に椎名町、石神井公園と下宿を転々とし、東伏見の団地に住み、ひばりヶ丘を経て所沢のニュータウンで持ち家を手にし、人生の大半を西武沿線で過ごした。椎名町にいた頃は横浜に通ってアルバイトしていたというから西武線沿線の環境を選び続ける強い理由は特になく、馴染みの問題なのだろう。就職や結婚、子育てなどライフステージの進化に従って、少しずつ都心から奥へと入っていき、最後に越境して埼玉県民となった。

原によれば、同じ頃父と同じように人生の過半を西武沿線で過ごした有名人のひとりに手塚治虫がいる。手塚もまた「トキワ荘」のあった椎名町を皮切りに富士見台、下井草、東久留米と西武沿線で人生の大半を過ごしていたようだ。人生を、同じ路線の空間のなかでちょっとずつ奥へ奥へと進みながら過ごしていくというスタイルは、あの時代のひとつの典型だったのかも知れない。

八三年、ニュータウンの小学生たちを支配していたあの青い帽子には手塚の「レオ」が描かれていた。八〇年代の西武線沿線を支配していた若々しいイメージは、西武に支配された手塚の作品によって形成されていたのである。生活圏を支配され、そのイメージを支配する。今、西武鉄道の社員は必ずしも西武鉄道沿線に居住しなくてもよくなったそうだ。時代に合わせて風通しは良くなったのだろうが、求心力も弱くなった気がする。

明るかった所沢

覚えているのは八〇年代の所沢がとにかく「明るかった」こと。当時小学生だった私には俯瞰的な視点を持ち合わせるはずもないが、西武ライオンズやセゾン、PARCO の発信するイメージは若々しかった。

毎年夏休みと春休みに出かける、父の故郷である神戸もとても明るかった。当時はちょうど八一年のポートピア博が大成功を収めたところで「株式会社神戸市」と揶揄されつつも数々のプロジェクトが独自のコンセプトで動いていて活気があった。母の故郷である青森も神戸ほどではないが、青函トンネルという世紀の大工事が行われており、「青函博」が開催されるなど未来に向かっているというエネルギーは感じられたものである。

九一年のバブル崩壊以来の平成不況は八〇年代の明るさを遮り、明けることのないまま二五年が過ぎようとしている。九五年の阪神淡路大震災、地下鉄サリン事件は「虚構の時代」を終わらせるのに十分なインパクトがあった。そして二〇〇一年のセゾングループ解体による堤清二辞任、〇五年の証券取引法違反での堤義明逮捕による西武帝国解体が、あの「明るい」八〇年代所沢の記憶を次々と解体してしまった。

「所沢」という場所が余計に断絶を意識させるのかも知れない。八〇年代所沢の「明るさ」はどこから来たのだろうか。そして、失われたその明るさはどこへ向かったのか。

「第四山の手」という虚構

「東京郊外」のイメージを作った出来事のひとつに、八三年に大ヒットしたTBSドラマ「金曜日の妻たちへ」があった。東急田園都市線の「たまプラーザ」や「つくし野」を舞台とし、「こぎれいな住宅に住む団塊世代のカップルたち」が展開する不倫ドラマによって、生活臭からも日本的情緒からも遠い「新しい郊外のイメージ」を作り出した。

私の住むニュータウンにも「ドラマの撮影」がやってきたことがあった。時期は八四か八五年くらいであったと思う。主人公の女優が撮影にやってきて、近所の母たちが、見かけたとか話しかけたとか、あるいはサインをもらったとかで自慢をしあっていた。今思えば、あれは単なるドラマに映った、という以上に「金妻世代」の主婦たちがドラマの主人公に世代的共感を持って見守るような出来事だったのかも知れない。

そうした郊外の新しいイメージを切り取って地理空間上で再定義する議論のひとつに八六年に発表された「第四山の手」論があった。江戸明治の下町に対する文京区のお屋敷街を「第一山の手」、関東大震災後に拡大した牛込、四谷、丸の内等を「第二山の手」、震災から戦中に拡大した中野、杉並、世田谷、目黒などを「第三山の手」とし、町田、立川、所沢など七〇年代以降に急成長する新しい郊外を「第四山の手」と名付けたのである。

「第四山の手」の主役とされたのは当時子育て期に入ったばかりの団塊の世代（一九四六〜四九生まれ）世代であった。太平洋戦争後の混乱期に生まれ、戦後民主主義の新しい社会に育ち、戦前戦中期の封建的な気分の残る旧世代を量で圧倒しながら学生運動の主役となった彼らが、よりよい子育て環境を求めて郊外へと進出し始めていた。彼らの動きを捉えるためには、エリアそのものを捉え直すコンセプトづくりから始める必要があった。そのコンセプトを特集にまとめたのは『アクロス』編集部に勤務していた三浦展であった。

スペインを渋谷に再生する

三浦によれば「第四山の手」論はもともとは新所沢へのパルコ進出を位置付けるための分析から生まれてきた。パルコはもともと、不振に陥った池袋駅ビルの東京丸物デパートを再生するために生まれたブランドであった。渋谷（七三）や千葉（七六）、岐阜（七六）、大分（七七）、津田沼（七七）など初期の店舗はいずれも、開発するには難しい土地や不振に陥っていた地方の老舗デパートを再生するために進出したものだった。人口が急増して巨大なマーケットを抱えているものの歴史が浅い郊外住宅地・新所沢に新たに進出するにあたり、テナントに出店を呼びかけるための手がかりとなるイメージが求められたのである。

図3-1　「第四山の手」が特集された、『アクロス』1986年５月号の誌面

よく知られているように七三年の渋谷

図3-2　増田通二『開幕ベルは鳴った』

パルコのオープンに際しては駅から遠い区役所通りを「公園通り」と名付け、坂や路地の多い渋谷を地中海都市として見立て、店舗につながる路地に「スペイン坂」と名付け虚構を導入する手法が採られ、成功を収めた。

スペインという虚構を持ち込み、コンセプトを設定したのはPARCO取締役の増田通二であった。増田は堤清二の府立十中（現・都立西高校）時代の同級生であり、学生時代は演劇を志していたが挫折し、都立高校の教諭を勤めていたが、堤に招かれて六一年に西武百貨店に入社し、任されて六九年に池袋のPARCOをオープンさせ、成功に導いた人物である。演劇人の増田らしくPARCOの売り場を「劇場」と見立て、メインのエントランスは自動扉ではなく開き扉が用いられるなど建築の設計にも細かく注文を出した。

なぜスペインなのか。増田は特別な用事がなくてもときどきヨーロッパに出かけていたという。増田は自伝『開幕ベルは鳴った――シアター・マスダへようこそ』（東京新聞出版局、二〇〇五年）で以下のように述べる。

渋谷パルコ前夜の一九七二年、私は気分がもう一つ乗れないでいた。「池袋と同じことをまたやらなければいけないのか」という鬱陶しい気持ちが晴れなかった。

ガウディの塔の上に登って、ゆらゆら揺れながら写真を撮りまくっているうちに、気分が一新した。

増田は池袋の成功体験を渋谷で反復しなければいけないという自らの重責をガウディに重ねるうちに、渋谷をスペインに見立て、パルコの脇道を「スペイン坂」と名付けることを思いつく。

増田は池袋から渋谷への成功体験を「郊外」という新しいフィールドへと応用するために、どのような虚像を導入するべきか、ヨーロッパへ通って感性を磨きつつ、状況を冷静に分析してコンセプトを打ち出す必要があった。「第四山の手」論はそうした試みから連続して生まれてきたのである。

図3-3　新所沢パルコ

新所沢パルコ「郊外は清楚であるべき」

歴史や伝統に囚われることのない、新しい中間層の居住する郊外のイメージに合わせて、新所沢駅前に「新所沢パルコ＋Let's」がオープンしたのは「金曜日の妻たちへ」がヒットし、東京ディズニーランドのオープンした八三年の六月のことである。郊外に新しいイメージが生まれ、追い風が吹いていた。

建築は道を挟んで「PARCO館」と「Let's館」に分かれ、

イメージ一新した埼玉県所沢

オープン報告——新所沢パルコ

PARCO+Let's発進!

6月23日、新所沢パルコがオープンした。外装を白で統一したパルコ館、イエローで差別性を出したLet's館の2棟から成る新所沢パルコは、これまでのパルコにない、郊外訴求型のショッピングセンターとして様々な特色を備えている。これまでにも本誌上で、そのコンセプト、特徴については特集してきた。今回は、6月22日のプレセール、23日のオープンの実況を、消費者の生の反応をまじえながらドキュメント報告する。

PARCO館

R スカイコート
5F 味のレストラン街
4F 暮しの情報館
3F ボーイズ&パパス
2F ビバ・ヤング
1F エレガンス・シティ
B1 味の食品街
B2 Let's Parkin'

ガレリア GALLERIA

Let's館

4F Let'sシネパーク
3F Let'sカルチャー
2F キッズ&ママス
1F Let'sティーンズ
B1 Let'sホーミング

ACROSS 1983年8月号

新所沢パルコオープン報告

オープニングシーン

オープニングは、まず23日午前10時、正面入口における松坂慶子のテープカットから始まったが、この時すでに約1万人の開店を待つ人々の列が出来ていた。

平日(木曜日)の午前中のオープンということで、女性客がやはりメインではあるが、男性の姿もかなり目につく。年齢層は幅広く、昼近くなるにつれて客層のバラエティが広がっていった。

また、この日は、ベルギーの国営テレビ放送が新所沢パルコのオープン取材のために来店している。日本の若者の生態に興味を持つ彼らは、オープンイベントとして行なわれた女性棋士・林葉直子(15歳)の対局、館内テレビシステムの紹介などを中心にカメラを回し続けた。

ACROSS 1983年8月号 79

図3-4 「新所沢パルコ+Let's」のオープンに際して特集された『アクロス』の記事。話題の高さがうかがえる。(『アクロス』1983年8月)

図3-5
❶デイリー対応の高級スーパー「ママプラザ」。(パルコ館地下1階)
❷パティオ感覚のテラス。(パルコ館3階)

(施設画像はすべて『ショッピングセンター』1983年10月号より)

❸中２階的立体陳列で展開する「パルコブックセンター」。（レッツ館３階）
❹消費者への情報・サービスの提供の場として、住宅関連ショールーム機能をもった「ホームシステムセンター」。（パルコ館４階）
❺エキサイティングでパワフルなティーンズファッションフロア。（レッツ館１階）

PARCO館

●店名
①CACHE-CACHE
②BIJOU
③LEMON TREE

Let's館

●演出 ⓐディスプレイステージ ⓑウォータークーラー ⓒグリーン演出 ⓓヤングティスプレイ ⓔテレビア ⓕグリーン演出 ⓖヤングディスプレイ ⓗグリーン演出 ⓘ子供リング(ボクシング) ⓙ子供ディスプレイ ⓚ雑貨ディスプレイ

2F

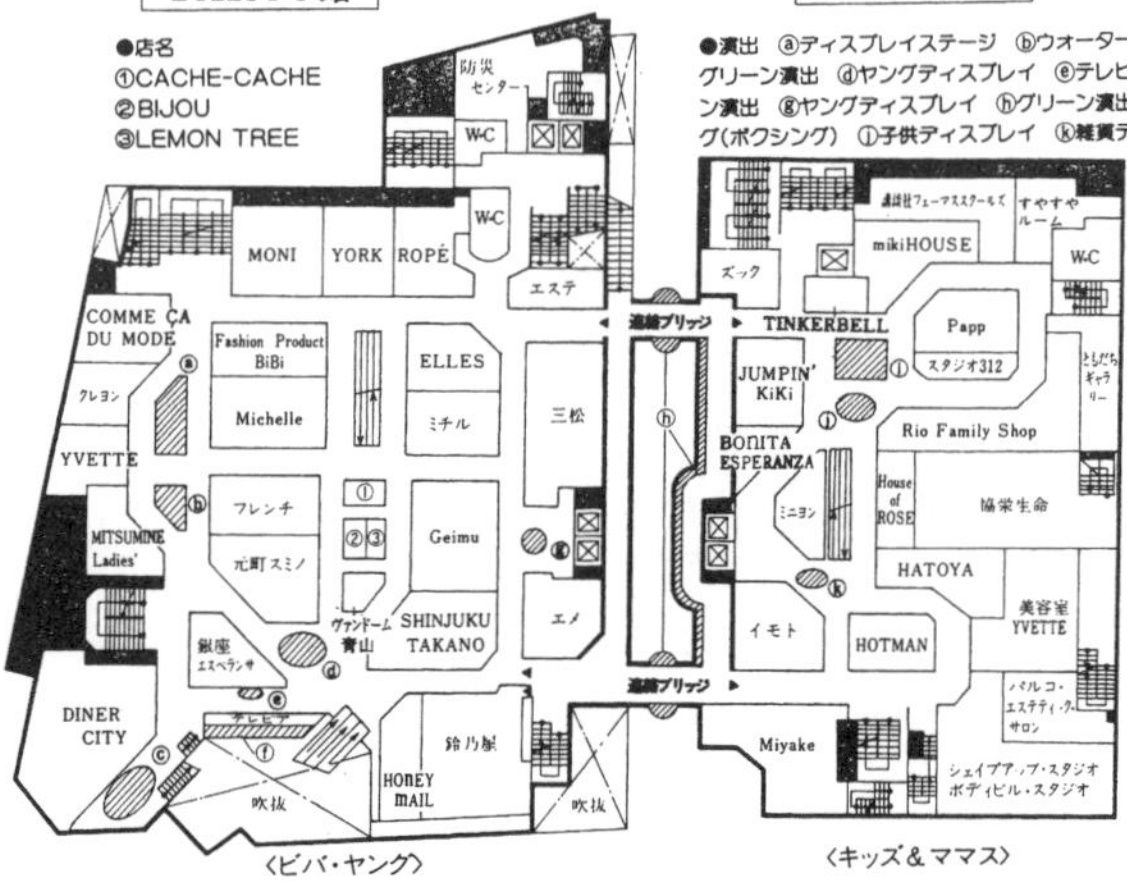

〈ビバ・ヤング〉 〈キッズ＆ママス〉

PARCO館

●店名
①日本信販総合サービスセンター

Let's館

●演出
ⓐグリーン演出 ⓑサイポット ⓒディスプレイステージ ⓓティーンズディスプレイ ⓔテレビア

1F

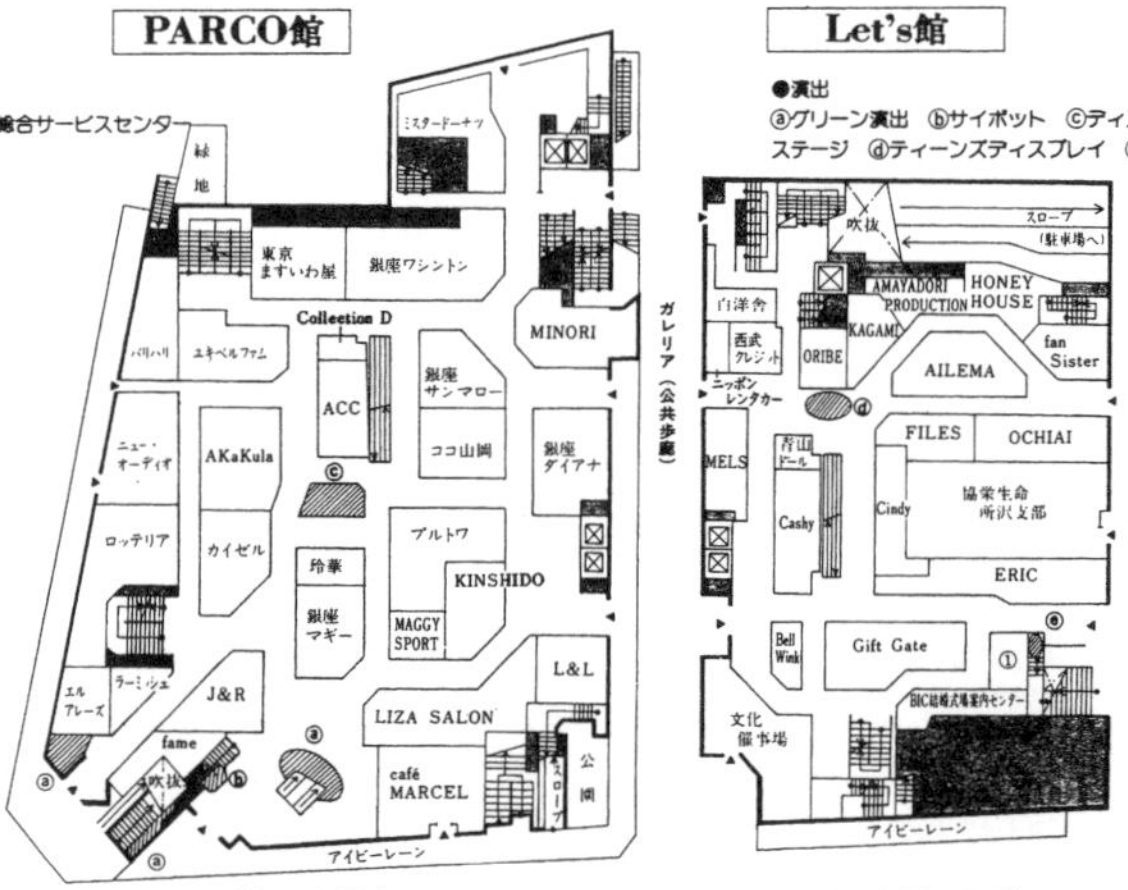

〈エレガンス・シティ〉 〈Let'sティーンズ〉

PARCO館

●店名
①テンローゼズ、砂糖人形、あら珠、メリーチョコレート
②浅草梅園、浅草玉川屋、山形屋海苔店、浅くさ中村屋、ヒロタ
③トレトゥールナージュ、スールロザリィ、グリュック、小田原鈴廣、鼠山飯店渋谷

Let's館

●演出
ⓐ催事場 ⓑテレビア
ⓒD.I.Y.ディスプレイ ⓓゲート演出
ⓔD.I.Y.ディスプレイ ⓕテレビア

B1F

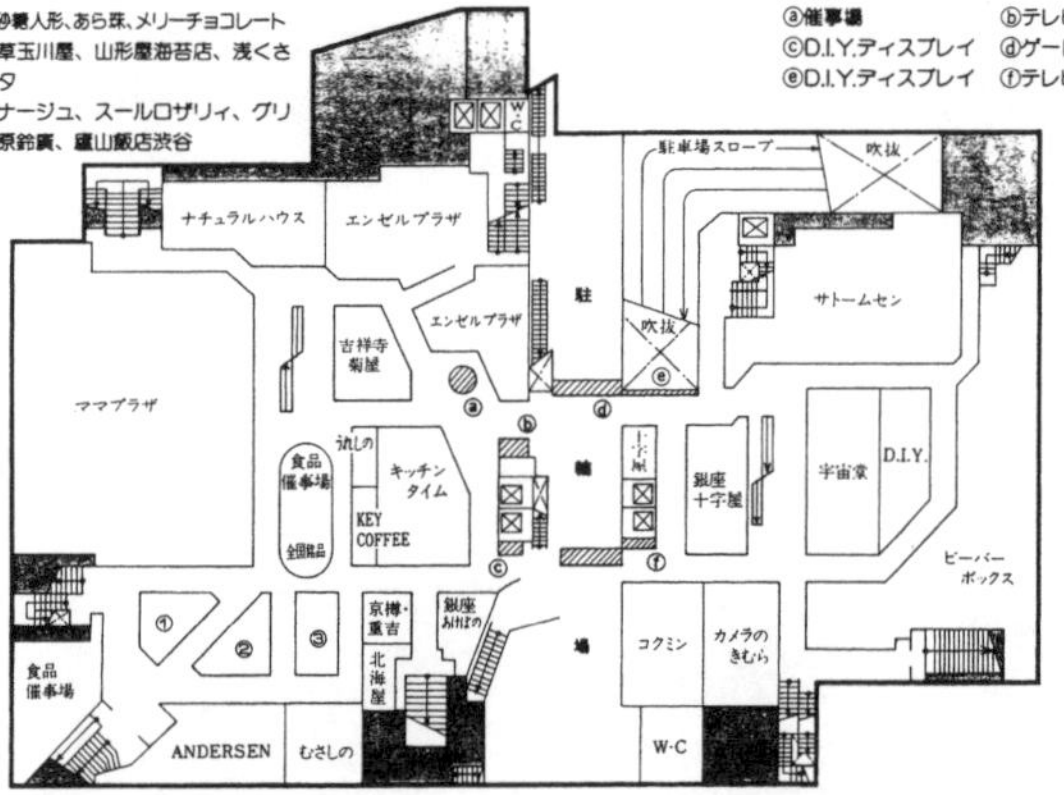

〈味の食品街〉 〈Let'sホーミング〉

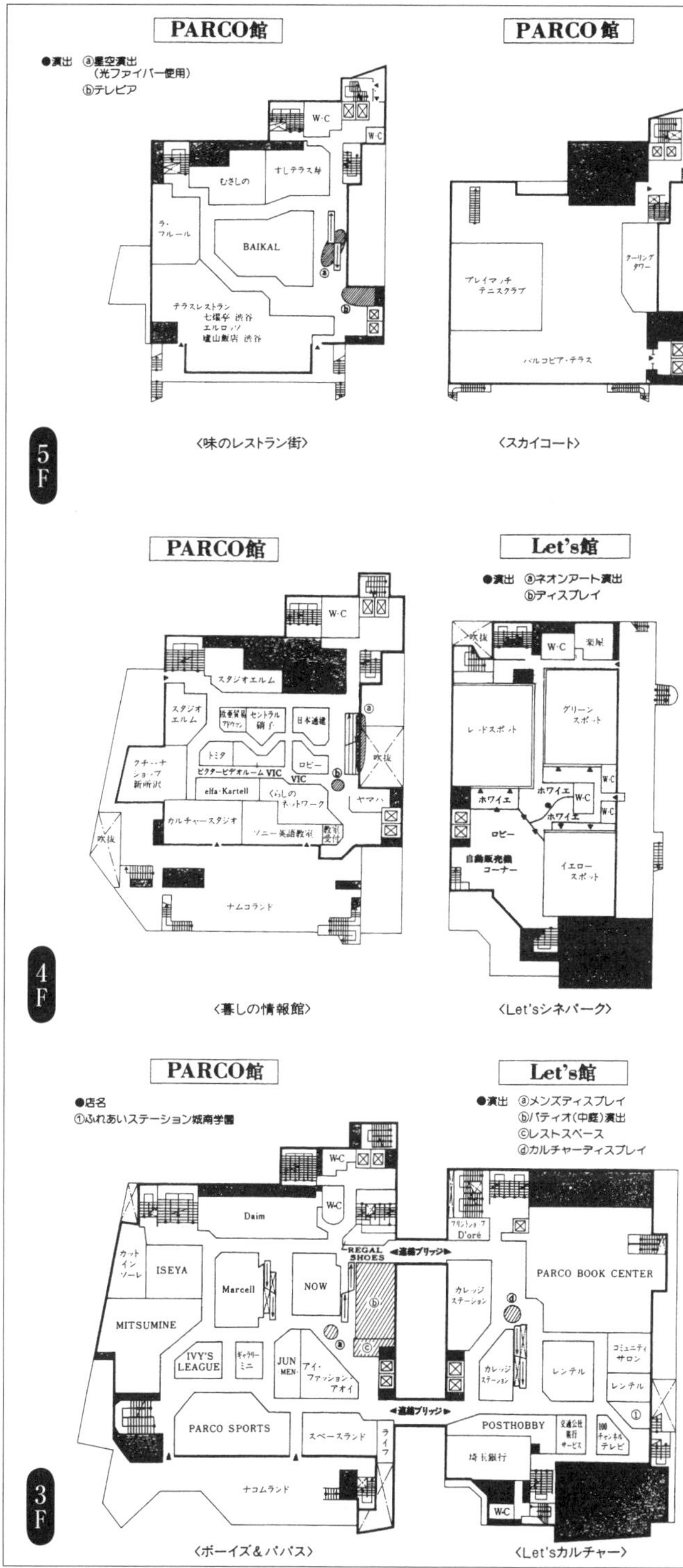

図3-6　「新所沢パルコ＋Let's」のフロア図。地下1階〜屋上まで。1階には左右のビルを分けるガレリアが通り、2、3階に通路が渡してある。（『ショッピングセンター』1983年10月号）

「PARCO館」は純白、「Let's館」はイエローに塗られていた。店舗の設計にあたって掲げられたトータルコンセプトは⑴尼寺感覚のSC、⑵新しい街のコミュニティセンター、⑶リッチでヒューマンなサバーバンライフを演出する多機能空間、⑷顧客が創る顧客参加型のSC、の四点である。若々しい郊外に「尼寺」とは唐突にも聞こえるが、「無目的に来店できる（快適性の高い公共空間）」「現代人のリフレッシュ空間（ストレスの解消）」などの狙いがあった。

建築は外観上は周囲に設けられたアーチの反復するイスラム寺院のような回廊が特徴的である。また「PARCO館」と「Let's館」間の街路には大きなガラス張りの屋根に覆われた「ガレリア」が設けられた。ガレリアは吹き抜けでオープンな歩廊やブリッジ、シースルー・エレベータが「見る」「見られる」の舞台性を演出する。増田はこのガレリアを実現させるためにイタリアを訪ね、イタリアのガレリアには影があるが、日本の郊外生活には影がないことを問題視する。他方で再開発されたばかりのパリのレアール市場については「中でモノを売ろうというのに、あれでは、まるで体育館」だと酷評している。

増田が建築に凝るようになったのは西武百貨店渋谷店の開店準備事務局長として店舗設計に関わった経験がルーツであるという。渋谷店の敷地は大きくふたつに分けられており、間の井ノ頭通りで分断されている上、河川の暗渠があり両者を地下で結べなかった。増田は発想を切り替え、食料品売り場はA館のみとし、ファッション中心で売上を立てて行こうと方針を転換する。

新所沢PARCOの敷地も渋谷と同様ふたつに分断されていた。そこで増田は所沢市と協力して街路を自動車通行止めとし、地下に一〇〇〇台分の駐輪場も設け、「PARCO館」と「Let's館」を複層的につなぎ、街路を取り込んだ店舗を実現したのであった。

『アクロス』での議論と「寺」のイメージ

『アクロス』では増田が何度も座談会に登場する。座談会で増田は「日本の郊外生活、田園生活はどうあるべきか」と問いかけている。店舗の開発コンセプトをマーケットや流行から捉えるよりも、「郊外」という新しいフィールドをどのように作っていくべきか、基盤作りから始めようとしているのが特徴である。

増田は九年の準備期間で「所沢」という場所をどのように捉えていたのだろうか。PARCOの所沢進出は七四年ごろから検討が開始された。実際に店舗がオープンしたのは所沢の隣の新所沢駅で、五一年に「北所沢」駅として開業。五五年に立ち上げられた日本住宅公団によって五七年二月に「北所沢ニュータウン計画」として建設計画が発表され、沿線でも最大規模となる二五〇〇戸の住宅が建設された。背景には五六年四月に制定された「首都圏整備法」があり、同じ西武沿線のひばりが丘団地（五九年・二七一四戸）や松戸の常盤平団地（五九年・四八三九戸）、日野の多摩平団地（五八年・二七九二戸）などと同時に計画されたものである。

『アクロス』で所沢について最初に言及されるのは八二年5月号であった（『アクロス』八二年5月号座談会「ヨーロッパ　影と光」）。増田は「郊外の所沢の団地に住んでいるよりは、街中の麻布のマンションに住んでるほうがまだマシ」「郊外のサバーバンライフが、都会生活より劣る」と発言している。東京都心と比較して郊外は文化資本の低い場所であると見下しつつ、進出は「サバーバンライフについての新しい提案」であると課題設定している。

八三年7月号「本格的サバーバン 時代への序奏」でも相変わらず「良い音楽会を聴くのは無理で、止むを得ずカラオケに熱中している」と見下しのトーンのまま（所沢に国内最大級のパイプオルガンが備えられた二〇〇〇席のシューボックス型のクラシック音楽専用ホールが建設されたのは九三年である）、「郊外で郊外を売らない」と宣言している。仮想敵は当時精力的に出店をしていたダイエーであろう。当時のダイエーは所沢にも中心市街地にダイエー所沢店が八一年にオープンしている。

増田は「郊外というのはやはり清楚な感じがなければいけない」と主張し、「チェホフの小説に出てくるような、日傘をさし、犬を連れてくるようなショッピングセンター」というイメージを出し、「ディズニーランドよりもお寺の演出を研究したい」と述べる。安売り一辺倒の「ダイエー」でもなく、アメリカ直輸入の「ディズニー」でもない独自のイメージとして増田が掲げたのが「お寺」だった。

今見ると、アーチの反復するイスラム寺院風の回廊、イタリアのガレリア、真っ白な塗装など、単純さを回避し、エントランスを駅に向けるなど細かな工夫のなされた全体の雰囲気はよいとして、建築の意匠としてはイメージの断片が組み合わされた、いかにも素人の思いつきで作られた建築である。もっとも八三年と言えば、歴史からの引用をちりばめ、ポストモダンの最初のピークとされる磯崎新の「つくばセンタービル」がオープンした年でもある。そう考えると、増田のセンスがちりばめられた新所沢PARCOの不可解な意匠に時代の雰囲気を感じ取るべきかも知れない。

一九八三年の所沢

当時の所沢はいったいどのような街だったのだろう。『アクロス』八二年6月号「サバーバンに文化と情報を！」では、所沢の状況について分析が行われている。七一年から段階的に返還の始まった米軍基地の跡地へ「防衛医科大学校」など国の施設が立地し埼玉県西部の中心的役割が所沢に与えられつつあること、七九年の西武ライオンズ球場のオープン、八六年の市庁舎の移転、八七年の早稲田大学キャンパスの移転（最終的には人間科学部の新設）などを挙げて「今ようやく都心から情報・文化を得るだけでなく自前の文化を創ろうという気持ちが高まってきた」と述べている。

特に西武球場については「所沢が全国的に知られる名前となり、街の中にひとつの核ができた」と肯定的に論じている。この年の日本シリーズで初めての優勝を果たすので、この時点ではまだ球団の人気には火が付いていなかったはずだが、大都市以外に立地するプロ野球の球場は珍しかったため、所沢の知名度アップに貢献したことは間違いがない。

八二年10月号「アクロスマーケットリサーチ　所沢」では所沢を「低成長時代の急成長都市」として位置付け、「国鉄よりも料金が安くストも少ない私鉄沿線にあるため、活発な活動をとりやすい場所といえる。エネルギッシュな人間が集まっているのではないか」などと印象論を挟みつつ、さらに煽っている。

ここでは詳細な調査結果を掲載しており、持ち家率が六六・一％と高く、一世帯あたりの部屋数、畳数も郊外都市のなかでも高水準にあり、一万人あたりの犯罪率が低い（九七・六件、柏一八〇・二、八王子一三六・七）などの特徴があるとしているが、他の郊外エリアと比較すると大規模な先行投資

（道路整備、駅前開発、公共施設）のないエリアであると指摘している。

確かに八三年当時は八一年にようやく西友小手指店、ダイエー所沢店などの大型店が出店したばかりで買い物には不便を強いられており、「商業過疎」との表現もあながち間違ってはいないかも知れない。八六年に所沢駅前に西武百貨店を核とした「ワルツ」ができるまではデパートらしいデパートのない街であった。

新所沢 PARCO

八三年8月号は「イメージ一新した埼玉県所沢」と題して新所沢 PARCO のオープン報告が行われている。オープン初日には約一万人の開店を待つ人々の列ができており、松坂慶子のテープカットで開店、ベルギー国営放送が取材のために来店、館内テレビでゲストの対談、林葉直子の対局、ガレリアでのイベント、コンサート等を放映などが行われたという。

オープン日に九万人（!）の来店客があり、「所沢もひと味異なった色が出てくる」「所沢にはもったいない」「ここで楽しんで1日終わっちゃう感じがする」「新所沢も都会の仲間入り」「いい散歩道ができた」「男でも利用出来る」などの声が紹介されている。今日当たり前になった一〇万㎡の巨大ショッピングモールで一日過ごす、というのはまだ理解できるが、わずか二万㎡の小さな店舗でも「一日過ごす」ことをイメージできたのだから店内にはよほど刺激があったのだろう。

これに対して増田らは再び座談会を催し「車生活」「建築」を成功要因に挙げている。増田は西武球場が当たっているのも、埼玉県民が車を完全に受け入れているからであるとし、「あるＳＣ」

が交通公害でギブアップしたが、時代が変わったというのである。

また出店するテナントの出稼ぎ発想を改め、郊外マーケットを積極的に作っていくようにすることと、相手の参加を取り込み、消費者を日常的にコミュニケートしていくことを挙げ、そのためには「いいイマジネーション」が欲しいということで舞台装置としての建築を重視し、床材にパールカラーを用いたことなどが紹介されている。「パールカラー」は車のメタル塗装がヒントになったという。

一九八三年の西武

新所沢PARCOのオープンした八二年から八三年にかけては、堤義明率いる西武鉄道系の西武ライオンズが初めての日本シリーズ優勝を果たし、翌八三年も巨人を破って連続優勝を果たすなど快進撃を続けていた頃で所沢には追い風が吹いていた。所沢だけでなく、堤清二率いる西武百貨店グループは「じぶん、新発見」(八〇)、「不思議、大好き」(八二)、「おいしい生活」(八二)と続く西武百貨店の広告戦略がピークを迎え、六本木とWAVE(八三)/青山と無印良品(八三)/渋谷とLOFT(八七)など、新しいコンセプトを持つ店舗が続々とオープンしていた。西武百貨店や西武鉄道など西武グループや所沢が最も輝いていた時期であった。

八〇年一二月、六本木のシェル石油スタンド跡地に新しい商業ビルの計画立案がなされ、地下二階・地上七階建て、六二五六㎡ほどの「WAVE」が八三年一一月、オープンした。テナントとしてシネ・ヴィヴァン六本木を運営する西武百貨店文化事業部、レコード類を販売、企画制作、卸売

西武のイメージ戦略は、単なる広告以上の力で世論の心をつかんだ。
図3-7（上右）「じぶん、新発見」1980年
図3-8（上左）「おいしい生活」1982年
図3-9（下）「不思議、大好き」1981年

りをするディスクポート西武、映像・音響スタジオ運営のセディックの各社が出店した。

同年には西友のオリジナル商品であった「無印良品」の路面店が誕生する。「わけあって安い」「愛は飾らない」のキャッチフレーズを掲げた。八三年六月には青山に三一坪の路面店をオープンし、田中一光、杉本貴志が加わり、イメージを発信した。堤は「無印とは何か」と問い続け、思想性（反マスプロ、反寡占メーカーという反体制商品）やイメージ形成力（カラー、デザイン、パッケージなどの統一性、一貫性）、経済性（安さ）を重視した。量販店のオリジナル商品は思想性やデザインが重要であると考えることで多くの量販店が事業の継続に失敗するなか、「無印」は最も成功したブランドの一つとなった。

渋谷では七九年に東急系列の「１０９」が、八八年に「Bunkamura」がオープンするなど活発な投資が進んでいた。西武側は八六年三月に「種」を意味する「SEED」をオープンさせた。主に

図3-10(上)　1983年にオープンした「WAVE」店内風景。
(下右)「WAVE」オープン時のチラシ
図3-11(下左)　1986年にオープンした西武百貨店渋谷店「SEED」外観

三宅一生や菊地武夫など二一名のデザイナー、クリエーターの商品を約一〇〇〇坪の店舗に展示し、オリジナル商品開発によって個性化をはかるというアイディアであった。さらに八七年一一月には隣接する土地に「屋根裏」を表す営業面積約二三〇〇坪の「LOFT」がオープンした。

西武百貨店渋谷店は敷地条件から分館にせざるを得ない状況があり、結果としてA館、B館、シード、ロフトの四館体制となった。建物が分散することは営業効率は悪く、ま

たひとつひとつのビルも決して大きなサイズではないが、その制約が「百貨店は街」という考えと呼応し、新しいコンセプトを生み出した。

つかしん（一九八五）

こうした堤清二のコンセプトが結集し、八〇年代の商業施設で伝説的な存在となっているのはグンゼの紡績工場跡地約二万坪を再開発した商業施設として八五年に兵庫県尼崎市にオープンした「つかしん」である。当初は百貨店を核としたショッピングセンターの計画であったが、開発に一二年を要した結果、流通業をめぐる環境が激変したために最終的には「街」を目標にすることになった。

結果、専門店ゾーンは「つかしんモール」「生鮮館」「ヤングライブ館」「ガーデンレストラン」「飲み屋横丁」「手作り館」「つかしんホール」など、川を挟んだ百貨店ゾーンに西武百貨店つかしん店があるという構成になった。

百貨店としての営業面積は八八〇〇坪と大きかったが、街全体から見ると中心施設がなく、小川や樹木、池等の自然、広場、境界、まちかどなど、「街」としてのプランニングがつかしんの最大の特徴となった。百貨店は広場からの視線をカットするように階段状の外形とし、斜行エレベータが設けられた。川に面し、飲食店に囲まれた「カリヨン広場」や路地状の飲屋街「味の小路」など自然都市の雰囲気を導入しようとした。

今見ると「何がそこまで人を惹きつけたのだろう」というくらい、静かなショッピングセンター

図3-12(上)　1985年にオープンした「つかしん」内に作られたつかしんホールの外観。(「ショッピングセンター」1986年1月号)

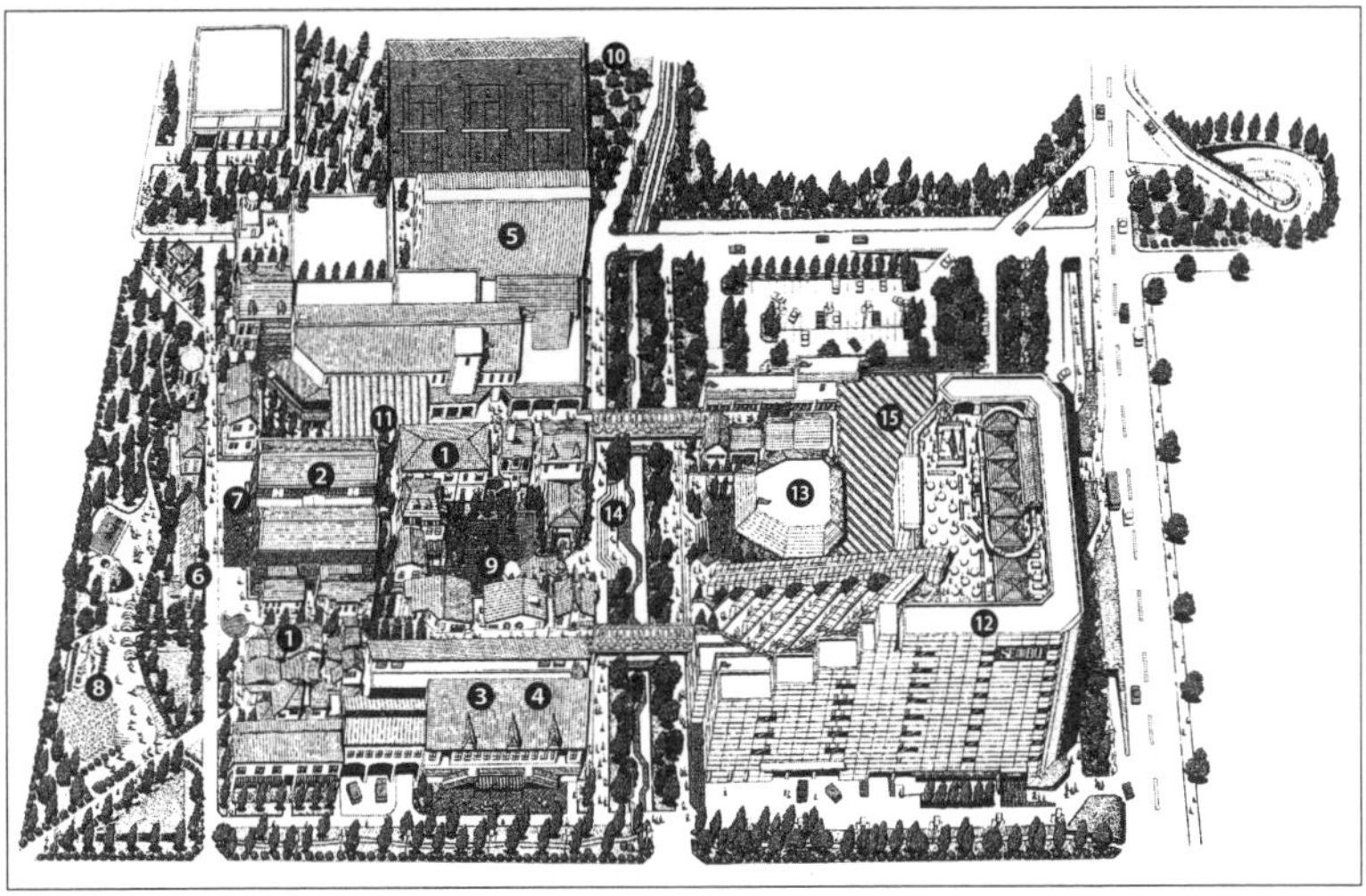

図3-13(下)　つかしん見取り図
❶飲食街
❷ヤングライブ館
❸手づくり館
❹生鮮館
❺グンゼスポーツ
❻コミュニティ・チャーチ
❼チャーチスクエア
❽つかしん公園
❾センターガーデン公園
❿椿園
⓫つかしんモール
⓬西武百貨店つかしん店
⓭つかしんホール
⓮せせらぎ通り
⓯イベント広場

❹

❶

❺

❷

❻

❸

図3-14
❶「リラクゼーション」。兵庫特産の丹波木綿を現代風にアレンジしたカジュアルウェアを扱う。（２階、４階）
❷「丹波木綿工房」。２台の織機で制作実演。（３階）
❸「衣座」。呉服ゾーンでは伝統のきもの、革新のきものの２大テーマで展開。（３階）
❹「コットンコール」。コットン素材の衣料品、雑貨を販売。（2階）
❺「コリアンブティックセットン」。チマチョゴリをはじめ生活用品も扱う。（３階）
❻大阪の台所・黒門市場が常設の売り場として初登場。京都の錦市場も出店。（１階）

図3-15　開かれた街・つかしんのシンボルとして設けられたコミュニティ・チャーチ。超宗派のため誰でも自由に参加できる教会。牧師が常駐し、礼拝などさまざまな教会活動のほかに、結婚式も行う。

※つかしんの施設概要
216〜219頁画像はすべて『ショッピングセンター』1986年1月号より

図3-16
❶西日本最大の総合スポーツクラブ。全天候型テニスコート、アスレチック・ジム、室内プール、体育館などを備え、会員制で運営。
❷ヤングライブ館中央吹き抜けのライブステージ。定期的にイベントが実施され、その模様はケーブルテレビによりつかしん内に放映された。ヤングライブ館はレンガ造りの2階建て。1階には生活雑貨を中心に18店、2階には東京・原宿ファッションを中心に18店が出店した。
❸ファッショングラスの「ノーキディング」。週末には店内で従業員によるタップダンスのショーが行なわれた。(ヤングライブ館2館)
❹ヘアーとメイクの店「バリカン」。(ヤングライブ館2階)

図3-17
❶ヤングライブ館に隣接した西側モール入り口。
❷東側（産業道路沿い）入り口。つかしんモールは伊丹川を境に東西に分かれた両ゾーンをつないでいる。
❸❹北側（グンゼスポーツ側）のモール。一部にはひさしが設けられている（2階）
❺スポーツサイクルショップ「ビー・トップ」。ロードバイクの国体選手が経営していた（1階）
❻常設のタイガースコーナー。西武にタイガースが出店と話題を呼ぶ。（1階）
❼映画関連のシネマガイド。（1階）
❽チャイルドギフトの「リトルメイト」。

図3-18
❶ガーデンレストランは伊丹側に面した中庭をコの字型に囲むようにして建てられた。14の専門店が出店。
❷デザートハウス「神戸風月堂」。
❸ライブレストラン「ローゼンタール」。ドイツ民謡のライヴショーを見ながら食事が楽しめる。

図3-19
❶❷気軽に一杯できる飲み屋横丁。横丁や路地も設けられ、下町ムードが漂う。ラーメン、焼鳥、バーなど17店が出店。
❸スナック「ビタミンハウス」のショータイム。ニューハーフの店員が、一芸でお客を楽しませてくれる。

になっている。「街をつくる」というコンセプトの上では、外部空間のデザインが重要であったのだろう。カリヨン広場は「ふたつに分断された敷地」という、渋谷西武以来の課題を解決するべく「川」が主役となるのはむしろ自然な流れであるように思えた。コンクリート護岸全盛の時代にビオトープを導入し、自然を中心に据えるというのも思想的でいかにも堤らしい。

裏側に設けられた「飲み屋横丁」も画期的だったのではないかと思う。日本的な意匠の路地を再現することは今でこそ多くの取り組みが行われるようになったが、ディズニーランドやスペイン坂のようにアメリカ、ヨーロッパ模倣の流れの中で日本的な意匠を肯定する、しかも歴史的な意匠ではなく、日常的なそれを肯定するという思想は商業施設としては批評的なのではないか。

「街をつくる」というコンセプトは、「日本の商業施設は疲れる」という堤のコメントが手がかりになっている。担当者らが全国各地の商店街の研究を行い、商空間とは何か、「街」とはいかなる機能を持っているのか、どのような業種配置になっているのかを研究し出てきたのだという。最終的に「城壁のようなショッピングセンターではなく、いつでも誰でも入って来られる『生活遊園地』にしたい」という目標が掲げられた。

糸井重里による「つかしん」というネーミングに加え「遊園地」という見立てが内外の耳目を集め、初年度売上は一三二億（八五）、以降二九四億（八六）と好調で来街者数はオープン後一年間合計で一一四二万人を数えた。年間一〇〇〇万人超の来街者数は八三年にオープンした「東京ディズニーランド」の年間総入場者数に匹敵した。初期投資は一九五億円であった。

図3-20　有楽町西武オープンの広告（左）と館内風景。

コンセプトで商業施設をつくる

新所沢PARCOの「修道院」も、つかしんの「遊園地」も、「そう見立てることによって従来のデパートのあり方を書き換えようとする」という、概念レベルの操作によってイメージを組み立てるところが似ている。

　堤清二の「三部作」と言われるつかしん店（八五）、有楽町店（八四）、筑波店（八五）はコンセプト型店舗設計の極みであった。八四年一〇月にオープンした有楽町店は池袋、渋谷に続く目標とされ、「銀座の西武百貨店で買い物をして、西武特急で軽井沢へ向かうことが夢だった」という堤の思いもあり、阪急百貨店と組んで入居を勝ち取り、長年の夢を実現することになった。

　当時の銀座周辺では既存五百貨店（三越、松屋、松坂屋、そごう、阪急）に加え近くにプランタン銀座も出店することになるなど「銀

	1985	1986	1987	1988	1989	1990
	●筑波店開店 ●つかしん開店 ●ハウディ西武広尾店開店 ●ザ・プライム渋谷開店	●渋谷シード開店 ●所沢店開店 ●ウイル設立 ●ジャガージャパン設立 ●「チャオイタリア」展	●渋谷ロフト開店 ●有楽町西武８館開店	●川崎西武開店 ●パリ、ギャラリーラファイエットの日本展プロデュース ●ポロラルフローレンジャパン設立	●池袋店インテリアゾーン再編 池袋WAVE開店 ●セゾン美術館オープン ●釧路FWオープン	●五番館西武開店 ●池袋ロフト開設 ●香港西武開店
	●朝日工業合併設立 ●ホテルエドモントオープン	●西洋環境開発合併設立 ●錦糸町西武オープン	●ホテル西洋銀座／銀座テアトル西友オープン ●光ケ丘西武オープン ●サホロスキー場オープン	●IHCの経営権獲得 ●長浜楽市オープン	●クレディセゾンに社名変更 ●西洋フードシステムズに社名変更	●セゾン生命に社名変更 ●西田百貨開店 ●渋谷クレストンホテル開設 ●ファミリーマートソウル１号店開店
	情熱発電所。	元禄ルネッサンス。	じゃない。	ほしいものが、ほしいわ。	より道主義だ。	いいにおいがします。
	西武は情熱をもって店づくり、町づくりに取り組みます	物質的なものより、心のゆとりと人間性を大切にしたい	生活者の変化に対応し、西武百貨店も変わります	生活者の土俵に立ち、新たな豊かさの指針をメッセージ	西武百貨店と生活者との時代感覚の共有 無駄、アンチトレンドのすすめ	新しい時代の予感と新しい西武百貨店への期待を重ねあわせて表現
	情熱発電所。	お手本は、自然界。	お手本は、自然界。Ⅱ	お手本は、自然界。Ⅲ	やわらかに見つめたい。	やわらかに見つめたい。Ⅱ
	人間のための人間によるマルチコンプレックスビジネスを展開するセゾンG	自然の諸活動を通じて、我が身を振り返る	自然の諸活動を通じて、我が身を振り返る	人間と自然を繋ぐ道具に注目	変化する社会環境を"したたか"に見つめる	身の回りの現象に託してセゾングループのあり方を伝える
	●戦後40年 ●ニューリーダーの台頭 ●科学万博（2033万人） ●新風俗営業法施行 ●豊田商事事件 ●日航ジャンボ機事故	●東京サミット ●円高ドル安進む ●土井たか子社会党誕生 ●男女雇用機会均等法 ●チェルノブイリ原発事故 ●財テクブーム ●地価高騰、社会化	●円高不況 ●ブラックマンデー、株式暴落 ●ペレストロイカ進行 ●竹下内閣成立 ●国鉄分割民営化 ●INF全廃条約 ●衛星放送開始 ●JAL民営化	●マル優原則的に廃止 ●リクルート疑惑事件 ●ソウルオリンピック開催 ●瀬戸大橋開通	●天皇崩御／皇位継承 ●消費税導入 ●天安門事件 ●東欧民主化 ●マドンナ現象 ●平成景気	●イラクのクウェート侵攻 ●統一ドイツ誕生 ●入管法改正 ●エコロジー ●バブル経済
	●金妻 ●やらせ ●投げたらアカン ●イッキ ●パフォーマンス ●ざんげ	●亭主元気で留守がいい ●激辛 ●ヤリガイ ●幸せって何だっけ	●朝シャン ●カウチポテト ●ディンクス ●ペレストロイカ ●とらばーゆ ●サラダ記念日	●オバタリアン ●フリーター ●シーマ現象 ●Hanako族	●平成貴族 ●おたく ●オジンギャル ●デューダ	●紀子さまブーム ●ちびまる子ちゃん ●リゲイン
	●少衆・分衆論 ●考現学 ●ファミコン ●下町ルネッサンス ●生活雑貨	●都心再開発 ●百貨店復活 ●東京論 ●お嬢さま／おぼっちゃま ●ウォーターフロント	●ワンレン・ボディコン ●ドライ ●村上春樹 ●地価高騰 ●フィットネスクラブ	●マリンレジャー ●ニューリッチ ●東京ベイエリア ●タレントショップ／ライブハウス ●NIES商品	●超能力／超魔術 ●吉本ばなな ●アーバンエスニック ●遊び情報誌 ●環境意識	●ファジー ●スーパーファミコン ●ハナモク商戦

図3-20　'80年代の西武百貨店とセゾングループ（『セゾンの発想』より）

		1980	1981	1982	1983	1984
西武百貨店		●池袋店10期スポーツ館、コミカレ、スタジオ200他 ●だるまや西武開店 ●女子社員ライセンス制度	●八尾西武開店	●池袋店11期食品館ハビタ館 ●池袋店年間売上日本一 ●五番館と提携	●六本木WAVE開店	●有楽町西武開店 ●本金西武開店
セゾングループ		●西武クレジットへ改称 ●北京西武設立 ●吉野家の再建受託 ●無印良品発売（西友）	●ファミリーマート設立	●西武カード発行（現SAISON-CARD） ●朝日航洋合併設立	●西武タイム設立（現KADOKAWA）	●シネセゾン ●大森西友オープン
西武百貨店の広告	テーマ	じぶん、新発見。	不思議、大好き。	おいしい生活。	おいしい生活。Ⅱ	うれしいね、サッちゃん。
	マインド	人間のもつ思いがけない可能性を大切にしよう	論理や倫理以外に大切なことがある	それぞれの価値観に従った生活を提案	生活のいろんな場面に「おいしさ」を見つけます	モノでなく精神の豊かさが大切ライフデザイニング
セゾンGの広告	テーマ	シリーズ　私たちの思うこと	不思議、大好き。シリーズ　私たちの思うこと	おいしい生活。シリーズ　私たちの思うこと	おいしい生活。Ⅱ 2Way　コミュニケーション	うれしいね、サッちゃん。
	マインド	80年代の生活者の立場に立って考えているという企業姿勢を伝える	顧客ニーズへの取組みの深さと迅速性を伝える	（「読者に伝える」から「読者と共に考える」広告へ）	人と人とのコミュニケーション	物販から超物販へ「子供の眼と、大人の知恵で」
政治・社会		●イラン、イラク戦争勃発 ●レーガン政権誕生 ●自動車の生産世界一 ●銀行CDオンライン開始	●行財政改革大綱 ●対外貿易問題深刻化（自動車対米輸出制限） ●ポートピア'81開催 ●貸しレコード著作権問題 ●校内暴力急増	●中曽根政権誕生 ●ホテル・ニュージャパン火災 ●日航機羽田沖墜落事故 ●三越事件 ●東北新幹線開業 ●テレホンカード使用開始	●ロッキード田中有罪判決 ●大韓航空機撃墜 ●戸塚ヨットスクール事件 ●ディズニーランド開園	●電電と専売の民営化 ●ロス五輪開催 ●グリコ、森永事件 ●有職主婦50%を超す ●中流意識90% ●銀座マリオン（デパート戦争）
流行語		●クレイマー家族 ●カラスの勝手 ●それなりに ●ピッカピッカ	●ハチの一刺し ●よろしいんじゃないですか ●なめんなよ ●熟年 ●なんとなく	●ルンルン ●ネクラ、ネアカ ●逆噴射 ●心身症	●気くばり ●いいとも ●ニャンニャンする ●○○の輪	●マルキン、マルビ ●くれない族 ●疑惑の人
キーワード		●ヒーローの消滅 ●キャリアウーマン ●お笑い／漫才 ●成熟化社会 ●竹の子族	●ひょうきん ●クリスタル ●健康志向 ●ミーの時代 ●校内暴力	●カラス族／カフェバー ●パロディ ●少年犯罪 ●昭和軽薄体 ●フォーカス現象	●女性の生き方雑誌 ●コピーライターブーム ●キース・ヘリング／日比野克彦 ●おしん、家康、隆の里	●ニューアカデミズム ●家庭崩壊 ●新人類パワー ●男のメイクアップ ●感性差別化

座戦争」と呼ばれる競争があった。最終的には地元の反対により「銀座」を名乗ることを許されず、「有楽町西武」「有楽町阪急」となり、かつ松屋の三分の一の床面積（約四〇〇〇坪）しか確保できなかった。

ここではこれらの悪条件を逆手に取り有楽町店を「セゾングループ全体のショールーム」と位置づけ、西洋環境開発（デベロッパー）が海外マンションやリゾート情報を、西武クレジットほかのファイナンス会社がファイナンス情報を、ヴィーヴル（旅行）が地中海クラブを、ニューメディア事業部がチケット情報を、というようにセゾングループ各社が参加し「モノを売らない百貨店」が目指された。

百貨店で「モノを売らない」とは、マルセル・デュシャンを引くまでもなく、それだけでコンセプチュアルである。

八五年三月にオープンした筑波店は、茨城県初の本格的百貨店であった。この年筑波で三月から九月まで開催された「万国科学博覧会」に合わせてオープンするという状況があり、セゾンは筑波店の開店そのものをパビリオンとして捉え、科学万博にならって「人と科学が調和」を掲げた。

筑波店ではハイテクノロジーを活用した「ストア・オートメーションシステム」を取り入れ、コストカットが目指された。先行していた西友能見台店（八三年一〇月）、WAVE（八三年一一月）の経験が活かされ、店舗総合情報システム、店舗映像ネットワークシステム、店舗環境制御システム、物流自動搬送システムなどが基幹システムとされた。

売り場面積は百貨店五三〇〇坪、ジャスコ二〇〇〇坪、専門店一二〇〇坪であった。将来人口三〇万人と予測されていたが自動車一五分圏内の人口は一三万人程度に過ぎず、堤以外の役員はほとんどが反対の立場を取った。ところが、自動車三五分まで広げた際には一〇〇万人強のマーケットが存在することから、車社会に適応させることが重要な条件とされた。売上は当初苦戦したが、博覧会終了後に徐々に回復し、八五年度一二六億、一三三億（八六）、一五四億（八七）と好調であった。

堤清二とまちづくり

堤清二は「街」を商業のコンセプトとしてしばしば用いるが、リテラルな街への関わりもあった。本格化させたのは七六年で、グループ会社である西武都市開発（のちに西洋環境開発）が七三年の「列島改造論ブーム」に乗って無計画に土地投機を行って失敗してきたことの反省から出てきた方針であった。

最初期の例に宮城県七ヶ浜町の住宅地開発「七ヶ浜ニュータウン汐見台」がある。七ヶ浜町は七二年に長期基本構想を策定し、乱開発を避けるために町と民間との共同開発方式を採り、町はパートナーとして西武都市開発を選んだ。渋谷パルコなどの先進性を評価してのことだった。

西武都市開発のチームは堤の指示で七六年から全国のニュータウンを現地調査、問題点を洗い出し、歩車共存の思想に基づく「ボンエルフ」と呼ばれる街路設計の手法を導入することになった。ボンエルフはオランダ語で「生活の庭」を意味する歩行者専用の緑道である。近代都市計画の批判が高まっている頃であり、人間を優先するという思想が打ち出され、七八年一二月に開発許可、八〇年九月に販売が開始された。

東西軸が基本であるところへ南北軸の街路構成とし（雪国では街路の日照が有利となるように南北軸が採用されることがある）、開発地区をゆるやかな南面傾斜として街区毎に変化を付けた植栽を行い、「街を公園にする」という設計方針を打ち出し、ここでもPARCOと同じく「公園」がキーワードとなった。その後も京都大学西山夘三《うぞう》の協力を得て開発された建築協定付きの住宅地西京桂坂（八五年一二月）、新得町のサホロリゾート（八七年一二月）などが「人間優先」という思想のもと生まれている。

八五年の「つかしん」の成功によって、西洋環境開発のもとには自治体からより大きな範囲の相談が増えて行った時期である。なかでも「広島県新空港関連総合開発構想」の策定（八五年一一月）は大きい。広島県新空港の開発は、九四年に開催されるアジア大会のため、九三年に開港予定の新広島空港を核とした広島県全域の開発計画「21ひろしま開発基本計画」への関わりからスタートした。その後、千代田区コミュニティ道路計画基礎調査（八六年三月）、茨城県美浦村開発計画（八六年三月）、宮城県七ヶ浜町まちづくり推進計画策定（八七年四月）、土浦・霞ヶ浦魅力的湖畔のまちづくり基本計画策定（八八年五月）、荒川・旭電化跡地教育文化施設開発計画（八八年七月）、宮崎市ふるさと自然森林公園実施設計（八八年一〇月）などへ展開していく。

リゾートブームのなかで、葉山マリーナ（六三年九月）、逗子マリーナ（七一年六月）などの実績があったこともあり、ウォーターフロント開発でも相談が多く寄せられた。強みとされたのは（1）海洋リゾートの中心となるヨットハーバーの建設・管理ノウハウを持つ会社であること、（2）集客のノウハウ、（3）ホテル、商業施設などをグループ内に持ち、資金調達力に優れているグループの力があること、などが理由だったという。

所沢店（一九八六）

所沢店は八六年四月二五日、所沢駅西口再開発事業のテナントとしてオープンした。「コミュニティ・生活」をテーマとし、市民にとっての「生活便利館」と位置付けられ、「モノを売らない」有楽町西武と「生活遊園地」のつかしんのノウハウが掛け合わされた。例えば一階には国鉄のチケットが買えるカウンターがあった。それまでは国鉄のチケットといえば市内のＪＴＢで買うか、電車で池袋まで出なければならなかった。このあたりは「サービスを売る」有楽町に似ている。

また、中心市街地の再開発ビルであるためパチンコ店も同じビルの中に入居することになっていたが、「街をつくる」という観点からこれを歓迎し、「自転車の街」というテーマを掲げ店内に自転車のオブジェが飾られるなど「所沢らしさ」が加えられようとしていた。このあたりは飲み屋街や銭湯を導入しようとした「つかしん」に似ており、CCTVによる店内環境演出、エレベータ内テレビ、テレビ電話案内などの技術は筑波店の取り組みから受け継がれたものだと考えられる。

営業面積は七〇〇〇坪と小ぶりであるが、投資額二〇九億円に対しターミナル駅に直結しているという地の利で開店二年目で二一九億を上げた。同じ郊外型店舗のうち、開店二年目の売上がつかしんが二九四億、筑波店が一三二億であることと比較すると、着実な成果ではあるが、所沢出店に時間をかけて議論し、入念にコンセプトを練った増田の新所沢PARCOに比べると迫力に欠けるなどきらいはある。「自転車の街」についても新所沢では一〇〇〇台分の地下駐輪場が設けられるなどの本格的な取り組みがあったが、ここではディスプレイのみであった。

所沢店の建築的な特徴は、一階と二階に設けられた「幅七mの東西通路」である。街路を引き込むという考え方に基づくが、店舗を挟んで東側にある所沢駅と西側にある西武所沢車両工場の広大な敷地を結ぶルートにあり、将来の再開発を見越して設けられたものであると推察される。駅や車両工場は西武鉄道の敷地であり、バブルの崩壊等もあり長らく動いていなかったが、現在計画されている駅と車両工場の再開発構想のなかでついに活かされる日が来るようだ。

建築家と西武

以上のように西武鉄道の堤義明、西武百貨店の堤清二、そしてPARCOの増田通二の仕掛けには建築が少なからぬ役割を果たしているが、西武グループと近代建築との関わりのルーツは終戦後に池袋駅東口に鉄筋コンクリートによる百貨店を建設したことである。西武系の復興社（現西武建設）が設計、清水組（現清水建設）が施工にあたり、五二年九月に店舗が完成した。以来、清水建設は西武系の施設の設計や施工を数多く手がけている。

なかでも建築家との仕事に積極的だったのは堤義明である。同い年の黒川紀章と仲が良かったことから軽井沢、下田、六本木のプリンスホテルの設計を依頼し、その後丹下健三へは赤坂、幕張、大津、村野藤吾へは箱根、新高輪、京都宝が池のプリンスホテルの設計を依頼した。七九年の西武球場は今井兼次の弟子筋である池原義郎が設計を担当し、やはり清水建設の施工により完成している。八六年の西武遊園地改修でも池原が設計を担当している。

西武球場は自然地形を生かしてコストを抑えた設計となっているが、失敗したら住宅として分譲すれば良いという考えに基づいている。現在はドーム屋根が乗って当初の雄大さは失われてしまったが、ランドスケープとの関係など球場建築の意匠としては美しさにおいて群を抜いていた。八三年のディズニーランド開業を意識したとされる西武園遊園地の改修（八五）も、繊細な構造で制作されたパーゴラやエントランス広場など、キッチュになりがちな遊園地建築で抑制が効いた意匠となっている。

「日本には本当の建築家がいない」と嘆き、自らを「建築家を超えた建築家」だと言いながら実際にはゼネコン設計部（主に清水建設設計部）とあてのない議論を繰り返してガウディだ、曲線だ、パール塗装だ、と持論を展開した増田通二は、よく言えば豊かな想像力で商業建築に新しい感覚を導入したとも言えるし、見方を変えると建築にはやや音痴だったとも言える。パール色の小さなタイルを曲面の壁に貼ったスタイルは渋谷（八一）、松本（八四）、熊本（八六）と続き、増田が会長を退いた直後に開業した八九年の名古屋 PARCO において完成した。ただし、数々の座談会では参加者に様々な角度から発言を求め、ファシリテータとして有能であったことを窺わせる。

三者を比べると、モダニズムの洗礼を受けた建築家と最も相性のよかったのはトップダウンでモダニストの堤義明であり、遠かったのはボトムアップでポストモダニストの増田であったと言える。このなかで建築家コミュニティと最も上手に付き合い、若手を起用するなど建築家を育てつつ成果を引き出すことに最も成功したのは堤清二であろう。なかでも菊竹清訓は「西武大津ショッピングセンター」（七六）でテラスや避難階段など大型商業施設で成果を上げ、以来渋谷の「ロフト」（八七）や「テアトル銀座」（八七）など度々堤清二と仕事をしている。池袋本店の外装は菊竹事務所のスタッフであった内藤廣が手がけている。また同じく菊竹事務所出身で「西武春日井ショッピングセンター」（七七）で駐車場や屋上、外構など外回りを手がけた仙田満は、そこでの経験をひとつのきっかけとして子どもの遊び空間の研究者となった。

虚構の崩壊

以上のような西武グループによる様々な仕掛けは、八〇年代を通じて若い世代を捉え、全国に向けて若々しいイメージを発信した。特に西武ライオンズ球場の本拠地が置かれ、新所沢PARCOや西武百貨店の開業した所沢は、埼玉県の若々しいイメージを発信する震源地のひとつになった。しかし、それらの若々しいイメージの背景には、その歴史性のなさがあった。歴史的な風土の希薄さは『アクロス』八六年5月号における「第四山の手論」や「ハイデルベルク論」など多様なフレームアップを呼び込んだが、やがてテレビのなかでひとつのネタとして消費の対象となっていく。

特にタレントのタモリが深夜番組での企画をきっかけに使い始めた「ダサイタマ」は、八二年の「笑っていいとも」の放送開始とともにタモリの持ちネタのようになり、全国的に埼玉県がネガティブに認知されるきっかけとなった。八三年から八四年にかけて埼玉県庁内部で調査研究会を設置、その後「彩の国」の愛称が設定される（九二）などそのイメージアップをめぐる試行錯誤を生んだ。

所沢は大宮や川越、熊谷などの埼玉県内の各都市と比較しても特に歴史性が薄く、西武グループの活発な投資によって新鮮な郊外都市のイメージを発信してきたものの、やがて連続幼女殺害事件の犯人である宮崎勤によって最初に出された脅迫状では所沢市が犯人の住所とされ（八八～八九）、テレビ朝日では当時所沢市に大量に立地していた産業廃棄物の処分場から高濃度のダイオキシンが放出されていると繰り返し報道されることによって農家が風評被害を被り（九五～九八）、オウム真理教事件の犯人の出頭によって潜伏先が所沢市内のアパートであったことが明らかになる（二〇一二）など、イメージの虚構性を暴くような出来事が続き、輝きを失い始める。

加えて六〇年代から八〇年代にかけて流入した新しい住民が一斉に高齢となった二〇一〇年代以降は、デパートや遊園地、野球場の動員数が減少し、現在では往年の活気をすっかり失ってしまったように見える。

バブル崩壊と西武グループの転換

所沢にとって痛手となったのは、西武グループの失速である。バブル崩壊後、九〇年代の長期不況期に入るとイメージ戦略も次第に効かなくなり、長期的な不調の時代を迎える。

特にセゾングループは「脱流通」の旗印だった不動産、ファイナンスが多額の負債を抱え、イトマン事件等が報道されイメージも悪化した。ワンマン経営、堤家の信用をバックにつけた銀行融資への依存、地方の不採算店舗等、華やかなブランドイメージの裏側に潜んでいた問題が続々と明るみに出て、西武百貨店、西友、西武化学工業、西洋環境開発の四基幹グループからなるセゾングループは、二〇〇一年に解散となる。

鉄道グループにおいても〇五年の証券取引法違反に伴う堤義明オーナーの逮捕をきっかけに外資

系企業からの資本流入等があり、次第にイメージの刷新を迫られていく。

セゾンのその後を主に建築面からざっと概観してみよう。

• 一九七三年のオープン以来四〇年を超える「渋谷パルコ」は建て替えが決まった。

• 七五年の九期計画では中心的存在とされた「西武美術館（セゾン美術館）」は九九年閉館。「シネセゾン」は九九年に他社移管された。池袋「リブロ」は八〇年代を通じて人文・美術書の情報発信基地であり続けたが、九七年にジュンク堂書店が池袋店を出店させるなど競争が激化。二〇〇三年に日販傘下に。一五年七月二〇日、西武百貨店池袋店から撤退した。

• 八三年オープンした六本木「WAVE」は六本木ヒルズの再開発により九九年一二月二五日を以て閉店。〇八年の時点では三〇店舗を有し、一一年初めには二〇店舗以上が営業していたが、一一年七月三一日に大宮店が閉店し国内店舗が営業終了。八月六日に事実上の倒産。

• 八四年オープンの「西武百貨店有楽町店」は、売上高は一九八億（八五）、二二三億（八六）、二六〇億（八七）、四一三億（八八）と順調に伸びたがバブル崩壊後は低迷し、〇六年に大改装を行うも業績は好転せず、一〇年一二月二五日閉店。翌年、JR系の専門店街「ルミネ」に転換した。パルコはもともと国鉄ビルに入居した東京丸物の業態転換で生まれた店舗であったが、低迷する西武の百貨店がJRの駅ビル商業施設として急成長したルミネに業態転換されることになった。

• 八五年オープンの「つかしん」は竣工後売上四〇〇億を超えていたが、バブルの崩壊後は落ち込み、一時は八〇億まで下がった。西武百貨店は〇二年にリニューアルを試みたものの効果が上がらず、〇六年に撤退し、現在は「グンゼタウンセンター つかしん」に転換、全国の街を研究した路地空間「味の街」も解体され家具店となった。店内には子供を乗せたミニ列車が通路を走り、コンセプトとしての「生活遊園地」ではなく、リテラルな遊園地となっている。
・八六年のオープン以来デザイナーのふ化装置であった「SEED」は九五年閉館。のちに「無印良品」となった。
現在も好調なのは「ロフト」(九六年西武百貨店から独立)と「無印良品」(八九年西友から独立)のみである。「街」というコンセプトも、「情報」を売るという考え方も、バブルの崩壊に端を発する平成不況、九五年に端を発する情報革命、郊外型ショッピングモールの急速な拡大、高齢化などによる時代の変化を乗り切れなかった。

八〇年代を読み直す

八八年の秋、小学五年生だった私は、西武美術館で開催されていた「古代シリア文明展：海のシルクロード」という展覧会へ友達と出かけた。「西武美術館」と言っても公園の中に建っている独立したミュージアムではなく、池袋の西武百貨店の最上階である一二階にあるデパートの中の美術館であった。展示を見終わって下の階へエスカレーターで降りていくと、いろいろなフロアがあった。とりわけ七階にはプラモデル屋や雑貨屋のようなものが長い通路の左右にぎっしり並んでいて今日の秋葉原のような雰囲気があり、わくわくした。

のちに三浦展と堤清二にインタビューをした際、「つかしん」の話の流れで森川嘉一郎の『趣都の誕生』（〇三）の話を堤にしたところ、当時の西武百貨店には森川のいう「趣都」のイメージがあったとの証言を得て合点がいった。堤には「農村共同体や会社による共同体に代わり、個人の趣味をベースにしたコミュニティをつくる」というヴィジョンがあったという。秋葉原がオタクの街になったのは九〇年代後半であるが、それまでは池袋西武のなかにも森川が同書で描いたラジオ会館に似た雰囲気があった。

一六年四月、豊島区立南池袋公園がオープンした。区立公園を改修し、地元から選ばれた事業者がカフェを出店。公園は利活用しやすいように芝生が張られている。仮設のテントがにぎわいを生むように設計され、池袋の新しい名所となっている。特定の趣味に偏っているという批判はあるが、PARCOから五〇年が経って池袋に新しいタイプの「公園」が誕生した。

西武が豊島園にあった旧陸軍の格納庫用テントを活用して武蔵野鉄道池袋駅の改札口前に仮設店舗を設けてから約七〇年。仮設テントという共通点が奇妙に映る。今、都市と商業の関係は、図書館の一部をTSUTAYAにしたり、渋谷の宮下公園をショッピングモールにする構想が発表されたように、公共施設や都市インフラの商業化が本格的に始まろうとしている。商業に「都市」を持ち込む時代のあとで、一等地にある都市インフラそのものを稼ぐ装置にする、いわば都市に商業を持ち込む流れである。そのようにしないと超高齢社会の財政事情ではインフラが維持できないという切実な事情もある。百貨店は非日常性や実験性、先進性を演出する場所というよりは、「リビングルームのような」「庭のような」と形容される、家の延長にある日常的で保守的な場所になりつつある。

テーマパークとコンセプトが対立していた時代

かつて社会学者の見田宗介は連合赤軍事件をもって第二次世界大戦の終戦から続く「理想の時代」の終焉を、大澤真幸はオウム真理教事件をもって「虚構の時代」の終焉を指摘した。批評家の東浩紀はこれを受けて、一九九五年以後を「動物の時代」と定義する。

本章で見てきた堤義明や堤清二、増田通二の作り上げてきた数々のプロジェクトはまさしく「虚構の時代」の産物であった。この時代に決定的だったのは一九八三年にオープンしたテーマパーク「東京ディズニーランド」であり、彼らの対抗心は、自然の中の遊園地を作ったり（西武園ゆうえんちの大改装）、「生活遊園地」を標榜したり（つかしん）、お寺をイメージしたり（新所沢パルコ）というように、しばしばディズニーランドに向けられていた。

今日ではインターネット環境の広がりによる物理空間の役割に変化が生じた結果として、イオンモールやステーションシティに代表されるように、商業施設にさらなる巨大化が起こった。それへの抵抗として都市空間の隙間を使ったスモールビジネスによる小さな商業が新しい商業トレンドを生み出しつつある。

これらの流れをまとめると以下のようになる。

- 一九四五〜七〇　理想の時代　計画vsゲリラ
- 一九七〇〜九五　虚構の時代　テーマパークvsコンセプト
- 一九九五〜二〇二〇　動物の時代　巨大化vsスモールビジネス

本章で見てきた「虚構の時代」の商業が取り組んできた「コンセプト」という考え方から学ぶことはなんだろうか。

日本という国の単位で見るときには、外向きと内向きのふたつの向きへの動きがある。外向きには、インバウンド観光客による「爆買い」目当ての観光客が銀座や新宿に押し寄せ、渋谷パルコにある「BAO BAO」へタイからの買い物客が押し寄せるなどの動きがある。かつて国内で閉じていた記号の影響力が、日本という国を超えて広がりつつあるのは、近年の動きである。

内向きには国内の歴史的な風致の維持・向上をめざす「歴史まちづくり」に代表されるような景観まちづくりの取り組みの広がりがある。地域にある資源を見直し、それを用いて新しい人の動きを生み出す動きは今後ますます拡大するだろう。

小さな商いの立ち上げからスタートするスモールビジネス系の動きには期待が持てる反面、将来に向けて再投資できる範囲も限られるため、スケールには限界があることが多い。露天商からスタートした増田が堤の資金調達力を経て才能を開花させ、コンセプトの力で躍進したような、スケールの限界を超えるような道筋が現代の商業にも必要であると思われる。現代の露天商をブレイクさせるのは既存の民間企業かもしれないし、公共かもしれない。かつての増田と堤のような幸福な出会いが現代において再び反復され、多くの才能がまた街へと飛び出していくことを祈りたい。

終章

商業空間と都市・郊外のこれから

◆三浦 展・藤村龍至・南後由和

藤村：今回の企画は当初、八〇年代の商業施設を巡るというコンセプトで始まったのが、三浦さんは「新宿」になり、南後さんは「広場」になり、私は「埼玉」がテーマとなった。これは一体何なのかというと、六〇年代後半からの都市論、郊外論、そして建築論の展開をたどった結果です。

南後：六〇年代後半を起点として、主にバブル前夜に至るまでの商業空間の思想をあとづける作業になりましたね。

藤村：六〇年代は、官によって計画的に公共建築が建てられた一方で、街ではゲリラ的かつ直感的な商業活動も行われていた。そして、七〇〜八〇年代は、セゾンに代表されるようなコンセプト重視の時代ですよね。それは見田宗介の枠組みで言えば、連合赤軍事件で終焉した「理想の時代」に続く、「虚構の時代」だったともいえる。

三浦：「虚構の時代」の前の時代は、都市に理想や夢があふれていた時代だったと言えるんだろうか。

藤村：状況劇場が新宿でゲリラ公演をしたりとか、ゲリラが転じて祭となっていったわけですよね。「理想の時代」は祭、「虚構の時代」は夢。七〇年代までが何だったのかと言えばやっぱり祭や夢など、非常にパーソナルな思想から生じているものですよね。

三浦：六〇年代にサブカルチャーは本当にサブだったのが、オーバーグラウンドに表出してきたのが七〇年代。今となっては、サブカルチャーは全然サブではなくて、商業的にはメインになった。むしろ、今の時代のサブカルチャーが何かというと、一人で店をやってますとか、一人で京都で本屋をやってますとか、そういう小商い的なことが近いんだと思う。

南後：時代背景は異なれど、増田通二さんが若い時に一人で露天商をやっていたという話と重なりますね。増田さんには、露天商から始まってパルコで大きくなっていくというステップがある。

藤村：今、露天商とか屋台をやりたがる若者が僕の周りにも多いんですけど、屋台でコーヒーとかを配って、そこで発生する会話にすごく癒されるらしいんです。

あるいは、まちづくりの領域で盛んに展開されている「リノベーションまちづくり」というのも、小さな商いで起業してまちを再生するというような手法なんですけど、それもある意味、六〇年代的な感覚ですよね。

現代が六〇年代に近付いているという時、まずは近過去のバブル前夜という時代を振り返る必要がある。六〇年代が形づくり、七〇〜八〇年代に橋渡ししたものを、それぞれ三者の論考も振り返りながら、トピックごとに語っていきましょう。

都市における「コンセプト」とは、何だったのか？

三浦：第3章の藤村君の文章に「虚構の時代の明るさ」という話がでてきますが、虚構の時代＝セゾンの時代だったわけで、それは実験の時代でもあった。「つかしんでは、赤とんぼが飛ぶような街をつくろう」がひとつのコンセプトとして示されて、それが非常に虚構的にも見えたんだけれど、実際今、つかしんを訪れてみると、ほんとに赤とんぼが飛んでいてびっくりした。逆に今の時代はあまりに虚構がない。売れるかどうかということが建築や都市のテーマになってしまっている。

昔は、「形態はファンクション（機能）に規定される」と言われて、今では「形態はファイナンスに規定される」と言われているけれど、その途中段階で「形態がフィクションに規定される」という時代が八〇年代にあったのかもしれない。

藤村：コンセプトは、虚構とか夢とか目標、ビジョンと言ってもいいのかもしれませんが、たしかにそういうものが八〇年代前半に力を持っていたと思います。

三浦：でも、堤清二さんにとっては、八〇年代が夢の時代であり、理想の時代であって、それが今、藤村君にとって「虚構の時代」と捉えられるのは、時代感覚の違いなんだろうと思う。

増田通二さんについて言うと、おそらく彼にとってコンセプトの時代というのは勘の時代であって、もちろん理論と経験に裏打ちされた勘なんだけども、それは好き嫌いの時代、感性の時代だったともいえる。対して、今はビッグデータやＡＩで分析する時代で、マーケティングもおそらくそうなっている。最小コストで最大の売り上げをＡＩがビッグデータから導き出して店をつくるとか、もちろん災害時の動線まで考えてつくる時代になっているから、個人によるコンセプトという発想は必要とされにくくなっている。

資本へのアンチテーゼは負け続ける？

三浦：今回僕が引用した望月照彦さんにしても、浜野安宏さんにしても、でっかい資本が大きな金をかけてドカンとつくるものはつまらなくて、若い人や小さな資本がごちゃごちゃと同時多発的にやり合っているという状況が面白いし、本当のクリエイティビティであるということを、四、五〇年前から言っている。結局、大きなビルをつくりたいという資本の論理と、もっと小さいほうが面白いんじゃないかというゲリラ的な人が対立しているという構造はずっと変わらないまま、現実としてはどんどん大きなビルが建っていく。そういう意味で、僕は今回、とても無力感のようなものも感じました。

永井荷風は東京駅が嫌いだったらしく、関東大震災以降は近代都市になって江戸の情緒が消えていく東京が嫌で、玉の井に逃げていくという話があります。そこにあるのは、文化ペシミストと文明論者の対立というか、技術文明が進んでいって、最高の技術で快適かつ便利な都市環境が人工的につくられていくのがいいんだという考え方が、常に優勢になっていく状況です。

ただ、個人個人が本当にそう思っているか分からないと感じるのは、たとえば渋谷再開発をして高層ビルをたくさん建てようという人も、仕事が終わると横丁で飲んでいたりする。やっぱり両方必要なんです。最初から高層ビルなんかつくらなきゃいいという人もいて、つくるんだったら俺はでかいビルが無い街に逃げていくぞという人もいる。そういう構造は永井荷風の時代から変わってないということに、あきれたり絶望したり、何を言い続けていったらいいのか分からなくなったりするなと思いました。

これからの都市の牛耳り方は?

南後：商業をめぐる巨大資本vs小資本という構図はいまだに続いているとは思うんですが、単純に二項対立ではくくれないフェーズも生まれてきています。二〇〇〇年代初頭から、小資本でオフィスをリノベーションして住宅やコワーキングスペースにするとか、古民家をリノベーションしてカフェにする事例など、都市の隙間や空き家を活用する試みは数多くなされてきた。ただし、これらは都市における「点」の話です。

それから一五年以上経って、個々の点をネットワーク化していく流れが出てきている。つまり、ウェブプラットフォームを介在させることによって、都市の見方や使い方が変わってきている。たとえば、エアビーアンドビーは、住宅の空き部屋を個人レベルで貸し借りすることができるウェブプラットフォームです。いわば、都市に散在する住宅の部屋を、ネットワーク化されたホテルとして見立てている。その他にも、スペースマーケットというウェブサービスがあります。ビルの一室や古民家などの遊休施設の情報をオーナーが掲載して、それらをイベントや会議・研修用などに、時間貸ししています。お寺、お化け屋敷、野球場なども登録されています。

従来、個々の会社やテナントが個別にウェブサイトを構えてやっていたことを、ウェブプラットフォームを介してネットワーク化していくようになってきた。そうすると、これまでは小資本でそれぞれ頑張っていたのが、それらをプラットフォーム化したところが儲けるようになってくる。つまり、今まで都市再開発というとデベロッパーや商業施設が主役でしたが、ウェブプラットフォーム企業という新しいプレイヤーが参入してくることで、都市をめぐる資本の牛耳り方が変わってきている。

三浦：その話は未来志向で面白いね。この間古本屋で建築年報みたいな本を見たんです。それは六四年度版だったと思うけど、ものすごい数の市役所や県庁がつくられていて、ほとんどそれだけで一冊ができあがっていた。それで、公共建築というのは六〇年代にほぼ出尽くしているということがよく分かったんです。

だから、その後に建築をやろうという人にとっては、商業建築がひとつの大きなフロンティアに見えたというのと、時代の風潮として、既存の公共建築＝官僚＝東大のようなエスタブリッシュメントに対して、もっと違った、アンチテーゼがあって、小さくて、人間的で、燃えるような建築をつくろうという、そういう時代が六〇〜八〇年代前半だったんだなということがよく分かった。つまり、その時代にはアンチテーゼをたてるということに説得力があった。

六八年に刊行された羽仁五郎『都市の論理』というのが当時よく読まれたのですが、「都市というのは市民がつくるもので、役人がつくるものじゃない」という考えなんですね。日本には、市民が自治を行う都市はないと。税金で役所の建物をつくるというのも、あるいは広場をつくるのも、本当の都市をつくったことにならないんだというような考え方が、六八年ごろ強くあったのではないかと想像します。

現代は体制との二項対立がなくなっている？

南後：三浦さんの第1章では、システムと反システムという対立が描かれていますよね。六〇〜八

○年代前半の商業建築は反システムであって、公共建築や既存の体制に対するカウンターとしてあった。

たしかに歴史的にはそのとおりだと思う一方で、それを現代に引きつけて解釈するならば、システム対反システム、あるいは官への抵抗という単純な図式は成立しにくくなっています。これは北田暁大さんが『広告都市・東京』（廣済堂ライブラリー／ちくま学芸文庫）に書いていたことなんですけど、すでにパルコが体制と抵抗の二項対立の図式に、第三項として「文化」を導入することによって、その図式自体を解体してしまったと。

社史や出版物の厚みもあって、従来の社会学系都市論ではセゾンおよびパルコが過剰に論じられる嫌いがあり、今回の本でもセゾンやパルコについて書かれています。またかと思う読者がいるかもしれませんし、私の担当章もそのそしりを免れないのですが、パルコが今でいう「新しい公共」の走りの役割を果たしていたことは確かかと。

近年のリノベーションや商店街再生に従事している人たちは、反システムとしてやっているわけではないですよね。

三浦：リノベーションの人たちも「反」というか、いわゆる官僚主義への対抗意識は非常に強いとは思うんです。だけど、彼らは最初からうまく官と協力していくというか、自分たちの活動を広げていくために協力するしたたかさがあると思うんですね。

南後：敵か味方かのように、抵抗によって距離を保ちつづける「反」ではなく、仕組みや状況を利用しながら内側から変えていくというか、パートナーシップを取りながらやっていくかたちになっていますよね。

三浦：そのへんがやっぱり現代的だなと思うんです。それから、パルコと今のリノベーショングループとの違いは、消費するかどうかだよね。リノベグループは消費させる場所をつくらなくていい。どちらかというと働く場所をつくる方向です。今はイノベーティブな人を集めるのは消費じゃなくて仕事の仕方だから、物をいつまで売っているんですかというのが今、商業資本にもメーカーにも問われている。

一九六九年の新宿西口地下広場から、現代の広場まで

南後：藤村さんの第3章を読んで、私の場合は大阪ですが、七〇年代後半に生まれて、郊外のニュータウンで育ち、今回の本で扱っているような商業施設に通っていた点が共通しているなと改めて思いました。つまり、七〇〜八〇年代にかけて、ショッピングセンターなどの商業施設がコミュニティの場を形成し、公共的役割を果たそうとしていた場所で育った世代が、同時代の商業施設を再評価する今回の本を書いているということです。

最近では、南池袋公園などの公共施設が、マネジメントの一環として商業の論理を取り入れるようになってきています。商業と公共の融合としては、七〇〜八〇年代は商業が公共の論理を取り入れたのに対し、現在は逆で、公共が商業の論理を取り入れるようになっている。ただし、経営面での合理性はありますが、そこに「排除」の問題を含め、自由で平等な開かれた公共空間が維持されているかというと疑問です。もちろん、七〇〜八〇年代の商業建築が担おうとした「公共」もそう

なのですが。

藤村：かつては、一九六九年の新宿西口地下広場事件みたいに、都市空間は放っておくと不法占拠されてしまうというイメージがあって、システム側は不法占拠させまいとして広場を通路へと変えていくというように、管理を強化するという基本的な方針があった。そこで弾き出された熱気が商業施設にいっていたわけですよね。今では、それが一周して、都市空間の「にぎわい創出」という大義名分のもと、人を戻そうという話になってきている。官の側もようやく人が集まれる公園をつくり始めた。それは時代的な転換だと思います。

八〇年代につくった空間をどう持続させるか

藤村：商店街の持続ということはよく言われますが、郊外ニュータウンの持続に関しては、まったく提案がないんですよね。八〇年代がつくった空間をどう持続させていくか、今ちょうどそういう意味を考える時期に来ているという気がするんですよね。

三浦：商店街がシャッター通りになったから、その隙間を使って「リノベーションスクール」[*1]のようなものが出てきたけど、今度はニュータウンが空き家だらけになったときに、活性化案が必要になる。

藤村：ただ、商店街のリノベーションは一見、弱者救済のような話かと思うんですけど、内実は新自由主義的な価値観もあって、「起業しよう！」「儲けたやつが勝つんだ」という感じの、煽りモードもあるんですね。地域全体がどう生きていくかという時に、稼げる人が元気なら良いという意見もあるかもしれないけど、それだけではあまり公的じゃないし、パブリックじゃないと思うんです。

ニュータウンのほうの喫緊の課題は高齢化なので、「稼げるやつが勝つ」という話じゃなくて、全員が自立していくとか、終末期までそれぞれが楽しく生きていくための仕掛けをする必要があるし、実際、日本全体もそうなりつつあると思います。「七五歳が楽しく生きる」ための都市を考えるのが都市計画、まちづくりの一番の主題になりつつあって、それは今まで考えたことがないことなんじゃないかっていう気がします。

三浦：今の話は、次に何をするべきかが分かっていいですね。商店街出身者は自分たちが街の担い手だったという意識があるけど、住宅地で生活している人には住宅地の担い手は自分たちだという意識が芽生えない。だからこそ、僕は、今後「郊外をいかに都市にするか」というのが大事だと思っている。「保育園ができるとうるさいから嫌だ」みたいな閑静な住宅地だと、小鳥の声を聞きながら老衰していくしかないと思う。

この本のなかでは結局、都市とは何で、どこへ向かっていくんだという話をしていると思うんですけど、都市的なものが今後、地方や郊外で再生されたり、育っていくべきだということでしょうね。

藤村：郊外の第一種住居専用地域だと、家の近所にお茶を飲む場所がないとか、買い物もできないという問題があって、でも、後期高齢者は半径三〇〇メートルぐらいしか歩けない。

三浦：バブル前夜の商業施設のコンセプトというのは、今読み直していくと、シャッター通りを活性化させるヒントにもなるけど、堤清二さんの考え方は、むしろ郊外住宅地をどうするかというヒントになるかもしれないね。堤さんは郊外のショッピングセンターもたくさん手掛けていたし。

八〇年代郊外開発の功罪とは?

南後:郊外の話を続けると、増田通二さんが「第四山の手論」を言い出した時、たとえば郊外の所沢に渋谷的な商業施設を持っていくことを、本当にいいと思っていたのか、私には疑問なんです。どうしても、郊外に対するシンパシーは希薄だったのではないかと思ってしまう。そこには虚構の「明るさ」の側面しかないからかもしれません。

たとえば渋谷の場合は、増田通二さんのやったことはよく理解できるんです。なぜなら、そこには明るさと闇の両面があるからです。先ほど触れた、リヤカーを引いて露天商をやっていたこともそうですが、増田さんは都市の暗部である下水道をテーマに卒業論文を書いていますし、演劇青年だったので、六〇年代のアングラ演劇をパルコ劇場にもってきた。明るさと闇の両面を持った二面性が増田さんにはある。そう考えると、七〇年代までのアンダーグラウンドな渋谷パルコのあり方がしっくりと理解できるんです。ただ、第四山の手については……。

三浦:当時三〇代だったパルコの社員から、「増田さんは郊外が嫌いだった」と聞いたことがあります(笑)。

南後:藤村さんが書いている第3章に関して、セゾンや増田さんたちが所沢でつくったものが、今振り返ると、渋谷と比較してどう見えるのか聞いてみたいですね。

藤村:今になって思うんですけど、郊外のニュータウンだとか郊外の商業施設、いわゆる八〇年代に僕たちのふるさととなる空間を設計していた人たちは、実は誰も郊外にシンパシーを持っていなかったんじゃないかということに、愕然とするんですね。

三浦：にもかかわらず、勘でつくってきた。

藤村：郊外を設計したアーバンデザイナーが何と言っているかというと、たとえば、「郊外の人は一本道しかなくてかわいそうだから、せめて二本の道を選べるように作った」と言っていたりして、根本的には「かわいそう」と思いながら計画していた。当時は誰も本気で郊外に敬意を払って計画してなかったんだなと。つまり、郊外の将来を考えるというのは、郊外で育った世代がやらなきゃいけないことなんだなと思いましたね。

三浦：それは面白い話ですね。そういう意味では、渋谷パルコは夢や理想をもってつくっていたけれど、所沢には夢や理想はなかったのかもしれない。

藤村：「渋谷」を所沢に輸出したということですよね。所沢は一種の植民地みたいなものだったのかなと。今のベトナムに東急や京阪が進出して、まちづくりのノウハウを輸出すると言っていますけど、おそらく同じことが反復される気がしています。

三浦：渋谷は夢とか理想でつくったけど、所沢はあくまで表層的なコンセプトでつくったと言えるかもしれない。もちろん、すごく真剣に考えた表層だと思うけれど、やっぱり渋谷に比べたら、自分の理想をここで実現しようとは思ってやってないよね。それが長い時間を経て振り返ると、明るく輝いていたけど表層的なコンセプトに過ぎなかったと見える、広告的に見えるというのはしょうがないだろうな。

藤村：実際、当時のニューファミリーたちはそれなりに満足していたと思うんですね。所沢に新しくこれができた、あれができたとか、すごく誇らしげに言っていましたし、不満はなかったと思うんですすね。

町は倉庫群となる？

南後：最近では、物理空間と情報空間が交わり、多くの人が集まる場として、幕張メッセなどで行われるメガイベントも注目を集めていますね。二〇一二年から年に一度開催されているニコニコ超会議では、今年は二日間で一五万人を超える人が参加しています（同時に行われるウェブ上でのニコニコ超会議には五五〇万人以上が視聴参加）。ニコニコ超会議に行ってみると、来場者が巨大な空間のなかを歩くという身体性への配慮が運営者側に欠けていて、商業施設に見られるような動線の工夫がほとんどなされていないことに驚きました。

藤村：巨大な箱がネット空間と対極にあって、都市には誰も行かない反面、巨大イベントには多くの人が集まるようになりました。イオンやイケアもそうだけど、巨大なメガ箱とネットがあればいいという感じになっているわけですね。

三浦：ただイオンの場合、イベントスペースではないから、何でもネットで買うようになる時代に、巨大なイオン的空間がいつまで必要なのかというのは疑問ですよね。そのうち、イオンの中に病院を入れたり、公共施設を入れていくことになるんじゃないかと思う。それか、老人ホームが入るとか、もうイオンの中に住んでしまうとか。

藤村：イオンのリノベーションは必要でしょうね。

三浦：お祭りをやったり、老人ホームや病院、年金がもらえるところがあればいい。イオン自体が広い意味で居住空間化していくんじゃないかな。まちには倉庫があって、その倉庫からドローンで物をイオンの住宅に運んでくる。都市風景というのが倉庫しかないみたいな。

藤村：これは今まさにそうなっていて、埼玉県に通った圏央道の周辺は広大な倉庫街になろうとしています。自治体としても固定資産税がそれなりに入るからいいのかなと。埼玉県の郊外って今はそんな戦略しかないんです。

三浦：ある意味ディストピア的、廃墟的な風景ですね。郊外に倉庫が並んでいて、その内側に居住空間化したイオンがあって、都心にはタワーマンションがある。

商業施設がいらない時代？

藤村：ニコニコ超会議の面白いところは、それがゲリラ的であるところだと思うんです。都市空間全体も、リノベーションもゲリラになってきている。ゲリラ的なものが復活していると思います。

三浦：ニコニコ超会議には相撲取りが来たり、神社ができたりと、私が『昭和「娯楽の殿堂」の時代』で書いた船橋ヘルスセンターにすごく似ている空間ですね。平面図も似ているし、これはまったく同じじゃないかという写真が見つかるんだよね。船橋には岸首相が来て、ニコニコには安倍首相が来ている。政治家たちは本当の声なき声、名もなき大衆はこっちにいるぞと示したがっている。

藤村：大衆空間として、そういうものが五〇年ぶりに復活してきているんですね。

三浦：そういう意味では、今は常設空間というのが困難な時代で、メガイベント時代なのかもしれないですね。

藤村：商業空間もネット以後は常設の店舗がいらないと言われ続けてきた。たしかに普通のお店はいらなくて、イベントの時に倉庫から引っ張ってくればいい。都市は群衆が集まれる、何にでも使える大空間をもっていれば、それで人を動員できるし、商業空間は根本的に必要じゃなくなってきていますね。

三浦：シャッター通りの寂れた八百屋でも、「日曜日は朝市です」と言うと売れるらしい。マルシェとか朝市とか、結局イベントを求めているんだよね。消費がしたいというより、日常行動をイベント化したい。そういう時に、ゲリラというほどじゃないけれど、一人で屋台や露店をつくったり、小さなイベントをしたりできるというところは、日本人に一種の町人文化、都市文化が遺伝子としてある証拠だと思う。

「ニッチ」が街の活気を作る

南後：一人でやるお店や小さなイベントを「ニッチ」と言い換えて、Amazon などのロングテールの話につなげてみたいと思います。ヘッドであるベストセラーと、ロングテールである年に数回売れるかどうかのニッチな商品の両方が充実しているのが Amazon の強みです。これを都市に当てはめるとどうなるか。仮に渋谷だとして、渋谷の魅力は、どこにでもあるような商業施設やチェーン店もあれば、のんべい横丁をはじめ、一人で経営しているようなニッチな店も集積しているところにある。
前者しかないと、どこにでもあるような街になってしまうので、両方あるということが重要です。では、このロングテールの部分はどうすれば維持できるのかというと、小資本の個々人が頑張ればいいのか、それともニッチが生息できるような都市のプラットフォームを誰がどう用意するのか。もう少し言えば、都市におけるニッチの生態系をどう維持していくかを考える必要がある。

三浦：それはやっぱり家賃が安いことですよね。家賃の高い一坪一〇万円のビルのすぐ横に、いかにして一坪五千円のぼろいビルを意図的に壊さずに残して使っていくか。

藤村：ぼろくて安いビルがあればそこに新参者が入ってくるんです。新参者が入ってくる場所がないというのが商店街の最大のリスクでもあるんです。今関わっている、とあるプロジェクトでは、商店街が主体になって、駅前の再開発用地を起業のための一坪ショップとして利活用させろと言っているんです。公的な介入によってそういう場所を確保する。それがおそらく、あちこちで検討されている公民連携の仕組みの一部になっていると思います。結局ぼろいビルはあるんですよ。だけど、公的に介入しないと、新しい担い手が入る隙間のような場所が今の都市にないから、公と民が協力してそういう場所をつくらなくてはいけなくなっている。

三浦：ぼろいビルを壊して新築にして儲けたい地主の考え方が変わって、ぼろいまま好きに貸していればいいんだけれど。

南後：Amazon の場合は、情報空間にサイズがないから、ヘッドのマスとロングテールのニッチが共存可能だけれど、物理的な都市空間の場合は、商店街なら商店街のサイズがあるし、物理的な容量があるので、ただ市場原理に任せておくと、ニッチは生き残れなくなってしまう。
バブル前夜と比べれば、ゲリラ的な動きや、個人のコンセプトというのが都市の空間を大きく動かしていくということが起こりにくくなっていますが、当時芽生えた「新しい公共」の意識を批判的に継承していくかたちで、今の時代にあった公民連携や制度的介入をしていくことが求められますね。

（二〇一六年六月、東京にて）

注

＊1　二〇一一年に北九州で生まれた団体で、商店街での新たなビジネスオーナーを発掘するためのイベントや、「リノベ祭り」というフェスティバルを各地で開催している。

商業施設、関連年表

西暦	商業施設（カッコ内は店のコンセプトなど）	代表的な建築	社会・文化・流行
1915			武蔵野鉄道開業
1932			堤康次郎が武蔵野鉄道の株式を大量に取得
1935	菊屋デパート［池袋］		
1937			日中戦争勃発
1938			国家総動員法制定
1940	武蔵野デパート（**堤が菊屋デパートを買収し命名**）		
1949	西武百貨店［池袋］	新橋駅西口広場	
1950	東横百貨店［池袋］		人民広場事件
1951		CIAM（近代建築国際会議）第八回	
1952		広島平和会館原爆記念陳列館	血のメーデー事件
1954		広島平和記念公園	丸ノ内線開通
1956			丸ノ内線の東京駅乗り入れ
1957	池袋三越 東京丸物［池袋］	東京都庁舎［丸の内］	
1958			東横、白木屋を合併 スーパー開店あいつぐ（ダイエー、東光ストア、西友）

1959	銀座日航ホテル	久保講堂［霞が関］	百貨店の割賦販売を自粛せよと通産省勧告 小売商業調整特別措置法公布 銀座四丁目一坪一五六万円で日本一
1960	銀座東急ホテル ホテルニュージャパン［永田町］	イイノホール［内幸町］	所得倍増計画 サンリオ設立
1961	パレスホテル［銀座］	厚生年金会館［新宿］	消費者協会、初の商品テスト
1962	ホテルオークラ［虎ノ門］ 小田急百貨店［新宿］ 丸井ヤング館［新宿］ 東武百貨店［池袋］		『流通革命』（林周二） 「経済の暗黒大陸」（ドラッカー） 池袋中央地下道開通
1963	緑屋［渋谷］ 東京ヒルトンホテル［永田町］	日生劇場［日比谷］ 朝日生命ホール［新宿］ 葉山マリーナ	外国スーパー進出反対大会 池袋西武百貨店火災
1964	京王百貨店［新宿］ 新宿マイシティ 池袋ショッピングパーク ホテルニューオータニ［紀尾井町］ ホテル東急観光［赤坂］ 東京プリンスホテル［芝公園］	虎ノ門ホール 紀伊國屋ホール［新宿］	海外渡航自由化実施 東京オリンピック1964 東海道新幹線開通 堤康次郎急逝 VAN・JUN急成長 『平凡パンチ』（マガジンハウス）
1965	東急プラザ［渋谷］		
1966	ソニープラザ［銀座］	新宿西口地下広場 国立劇場［隼町］ 自由劇場［西麻布］	大丸、一千億円企業実現 文化大革命（第一段階は一九六九年まで） 『週刊プレイボーイ』（集英社）
1967	東急百貨店本店［渋谷］		銀座三越改装 ベトナム反戦運動の盛り上がり
1968	伊勢丹新館［新宿］ 西武百貨店A館・B館［渋谷］**（海外の若者文化を発信）**	霞ヶ関ビル	「流通近代化の展望と課題」（通産省） CVS・Kマート全国進出 新宿騒乱

西暦	商業施設（カッコ内は店のコンセプトなど）	代表的な建築	社会・文化・流行
1969	香里ショッパーズプラザ[大阪] **（日本初の郊外型SC）** **池袋パルコ（七〇年代の選択的個性の場）** 玉川髙島屋SC**（郊外の車社会に対応）** 丸井[中野] ホテルサンルート渋谷 赤坂東急プラザ**（赤坂で面的なショッピング街を形成）** 代官山ヒルサイドテラス**（都市空間としての商業空間）** 阪急三番街[大阪] 吉祥寺ロンロン	天井桟敷館[新宿]	パリ五月革命 アポロ11号月面着陸 **新宿西口地下広場・フォークゲリラ（新宿西口地下広場事件）** 東大安田講堂落城 日本フランチャイズ協会発足 鈴屋年商五〇億達成 旭川市平和通買物公園（一九七二年に恒久化） ジーンズ本格的に流行 『コミュニティ 生活の場における人間性の回復』（国民生活審議会調査部会） 「8時だヨ! 全員集合」 「Oh! モーレツ」／「愛のスカイライン」 ROC設立
1970	ジャスコ設立 梅田地下街・泉の広場[大阪] 中百舌鳥ショッパーズプラザ[大阪]**（水と緑と太陽のある大きな空間）**	転形劇場工房[赤坂] 黒川紀章が大阪万博でカプセル型の「タカラ・ビューティ」	大阪万博 よど号ハイジャック事件 ディスカバージャパン 歩行者天国（銀座・新宿・池袋・浅草） ウーマン・リブ ブティック出現 「あしたのジョー」／「特ダネ登場」／「サインはV」 「いちご白書」／「明日に向かって撃て!」 『アンアン』（マガジンハウス）
1971	マクドナルド一号店[銀座] 京王プラザホテル[新宿] 銀座名鉄メルサ**（全館ヨーロッパ商品を扱う）** 銀座コア	青山タワーホール 郵便貯金ホール[芝公園] シアターグリーン[池袋] 池袋小劇場 逗子マリーナ	ドルショック カップヌードル（日清食品） やまもと寛斎、ニコル、マダム花井、イッセイミヤケなど活躍 「コミュニティ（近隣社会）に関する対策要綱」（自治省） 『広場と青空の東京構想 試案1971』（東京都） 『日本人とユダヤ人』（イザヤ・ベンダサン）／『二十歳の原点』（高野悦子）／『ノンノ』（集英社）→アンノン族

1972	モスバーガー一号店［板橋区］ 三越バラエティストア一号店［板橋］ ホテルサンルート東京 銀座第一ホテル くずはモール街［大阪］**（ニュータウンのコミュニティ・センター）**	ヤクルトホール［新橋］ 中銀カプセルタワー（黒川紀章）［銀座］	「戦争を知らない子供たち」（北山修） 原宿、青山にブティックやマンションメーカーが現れる 日中国交正常化 パンダが上野動物園に（ランラン、カンカン） 沖縄返還 連合赤軍浅間山荘事件 横井さんグアム島から帰還 札幌冬季オリンピック 列島改造論 「お客様は神様です」／「ナウ」／「金曜日はワインを買う日」 『ぴあ』
1973	**渋谷パルコ（物心両面での豊かさを追求）** 新宿サブナード 六本木ロアビル コムデギャルソン設立 赤坂シャンピアホテル 原宿プラザ カタクラショッピングプラザ［茨城］	NHKホール［渋谷］ 西武劇場［渋谷］	第一次オイルショック 金大中事件 日航機ハイジャック事件 ベトナム戦争終結 三宅一生パリコレ登場 日本ショッピングセンター協会設立／大規模店舗法制定 『日本沈没』（小松左京）／『エースをねらえ！』（山本鈴美香）／『JUNON』（主婦と生活社）／『広場 その可能性と条件』（東京都）
1974	パレフランス原宿 セブンイレブン一号店［豊洲］ サンローゼ赤坂［紀尾井町］ 三井ビル・55プラザ［新宿］ 東急百貨店［吉祥寺］ 高槻西武百貨店 BIG BOX高田馬場 グリナード永山［多摩］	新宿西口に超高層ビル（新宿住友ビル、KDDビル、三井ビル）	長嶋茂雄引退 小野田さんルバング島から帰還 「寺内貫太郎一家」（TBS）／「ニュースセンター9時」（NHK） 『ノストラダムスの大予言』（五島勉）／『華麗なる一族』（山崎豊子）／『複合汚染』（有吉佐和子）／『ビックリハウス』（PARCO出版）
1975	From1st［青山］ ザ・ギンザ［銀座］	東邦生命ホール［渋谷］	第二次ベビーブーム 大学生二〇〇万人突破

西暦	商業施設（カッコ内は店のコンセプトなど）	代表的な建築	社会・文化・流行
	ツバキハウス［新宿］ 渋谷パルコPART2（**デザイナーを核とした都内最大のトレンドビル**） 札幌パルコ 渋谷パルコ新館 渋谷東武ホテル 鹿児島ショッパーズプラザ		沖縄海洋博 ニュートラ 「ぴったしカンカン」（TBS）／「チルチルミチル」／「ワタシ作る人、ボク食べる人」（ハウス食品）→男女差別だと指摘され放映中止に 「アンタあの娘のなんなのさ」（ダウンタウン・ブギウギ・バンド） 『キャンディ・キャンディ』（作：水木杏子、画：いがらしゆみこ）／『11人いる』（萩尾望都） 『PLAYBOY』（集英社）／『流行通信』（流行通信社）／『JJ』（光文社）
1976	**東急ハンズ一号店**［藤沢］（**人の「手」の復権**） 丸井インテリア館［渋谷］ 青山ベルコモンズ［渋谷］ 鈴屋、青山にベルコモンズ開店 岐阜パルコ 千葉パルコ ルミネ新宿店（**都市生活者の情報ステーション**） 東急イン［愛宕］ ホテルアイビス［六本木］ 西武百貨店リニューアル（**品目を絞った「七十貨店」**） 西武大津ショッピングセンター	アトリエフォンティーヌ［六本木］	大和運輸（現・ヤマト運輸）が日本初の宅配便を開始 ロッキード事件 ヘビーデューティー／チープシック ツッパリ流行 ジャージー素材 外食産業急成長→チェーン化 『限りなく透明に近いブルー』（村上龍）／『火宅の人』（檀一雄）／「愛のコリーダ」／「およげ！たいやきくん」／『POPEYE』（マガジンハウス）
1977	西武新宿PePe 青山ラミア ニューメルサ［銀座］ 流通卸センター全国展開 大分パルコ 津田沼パルコ 246プラザ［青山］ 三井アーバンホテル［銀座］ 新宿プリンスホテル 丸井インテリア館［新宿］		新玉川線開通 アップルコンピュータ設立［米］ カラオケ誕生 キャンディーズ解散／ピンク・レディー大人気 ニューファミリーブーム サーファー／フィフティーズ／ジョギングパンツやスニーカー、ショートパンツなどスポーツウェアの日常着化 「勝手にしやがれ」（沢田研二）／「ダメダ、こりゃ」（いかりや長介）／「翔んでる女」（欧米の“Flying girl”を輸入）／「岸辺のアルバム」（TBS）

1978	丸井スポーツ館［池袋］ 渋谷パルコ新館→PART2に **ラフォーレ原宿（デザインポリシーは「森と水と都」）** **渋谷東急ハンズ** 池袋サンシャインシティ・アルパ ルイ・ヴィトンが西武、高島屋に日本初出店 ファーストキッチン［渋谷センター街］ 東京・八重洲ブックセンター ブティック竹の子［原宿］ ハナエモリビル［原宿］ 青山ツインタワー 品川プリンスホテル	新東京国際空港（成田空港）開港 サンシャイン劇場［池袋］ ラフォーレ原宿ホール 博品館劇場［銀座］ サンシャイン60［池袋］	『クロワッサン』（マガジンハウス）／『MORE』（集英社）／『プレジデント』（プレジデント社）／『月刊アクロス』（パルコ） ミニコンポ VAN、花咲倒産 YMOデビュー 東急DIY大型店拡大 銀座三越、高級路線へ転換 「あんたが主役」（サントリービール）／「君のひとみは10000ボルト」（資生堂） 「サタデーナイトフィーバー」／ディスコブーム 『不確実性の時代』（ガルブレイス）
1979	**ファッションコミュニティ109**［渋谷］**（都会派の若者のためのファッションの殿堂）** ボートハウス［青山］ ベルビー赤坂 西武百貨店クリエイティブフォーラム館 西武ライオンズ球場［所沢］		東京サミット 第二次オイルショック 占い本大ブーム ヘッドホンステレオ「ウォークマン」（ソニー） 口裂け女 貿易摩擦 竹の子族／ハマトラ／プレッピー／アイビー 「いとしのエリー」（サザンオールスターズ）／「関白宣言」（さだまさし）／「異邦人」（久保田早紀） 『Hot Dog Press』（講談社）／『YOUNG JUMP』（集英社）
1980	オンサンデーズ［青山］ スタジオアルタ［新宿］ 吉祥寺パルコ**（東京ニューシティづくり、ストップ・ザ・新宿などがテーマ）**	みゆき館劇場［銀座］ 三越ロイヤルシアター［日本橋］	金属バット殺人事件 JJガール、ポパイ少年 百貨店文化催事の定着／大手量販店、文化教室導入 無印良品発売 松田聖子、たのきんトリオデビュー／YMO大人気

西暦	商業施設（カッコ内は店のコンセプトなど）	代表的な建築	社会・文化・流行
	ホテルセンチュリー・ハイアット［新宿］ 横浜ルミネ		『蒼い時』（山口百恵） 『なんとなくクリスタル』（田中康夫） 『20ans』（婦人画報社・現アシェット婦人画報社）／『ブルータス』（マガジンハウス）／『とらばーゆ』（リクルート）→とらばる、流行語に／『ナンバー』（文藝春秋）
1981	**ららぽーと船橋**（**ニューファミリー向けの巨大郊外型SC**） **六本木AXIS** 荻窪ルミネ 渋谷パルコPART3（**インテリア・スポーツ・ファッション・サウンドのクロスオーバーによる新しいMDビル**） アフタヌーンティ一号店［渋谷パルコPART3］ VAN復活［青山］ 日比谷シティ 浦和コルソ オ・プランタン一号店［神戸三宮］ 三峰、紳士服を通販		レッドシューズ［西麻布］などカフェバー、小劇場が登場 神戸ポートアイランド博覧会 チェーンストア協会出店自主規制／通産省、大型店問題でスーパー規制 NEW WAVE／カラス族／プレッピー全盛／聖子カット 「ミスDJ」／「不思議、大好き」 「おれたちひょうきん族」（フジテレビ） 『窓ぎわのトットちゃん』（黒柳徹子） 『CanCam』（小学館）／『with』（講談社）／『FOCUS』（新潮社）
1982	ナチュラルハウス［青山］ フォラム六本木アネックス インクスティック［六本木］ ピテカントロプス［原宿］ たまプラーザSC 大宮We・DOM・ピノ 立川ウィル 池袋西武、食品館・ハビタ館開館	ステージ・円［浅草］ ラフォーレミュージアム原宿 シアターアプル［新宿］	ベネトン日本上陸 第一次中曽根内閣 五〇〇円硬貨登場 ホテルニュージャパン火災惨事 日航機羽田沖墜落 川久保玲、山本耀司パリコレで話題 ネアカ、ネクラ／「おいしい生活」／ルンルン ハウスマヌカン 百貨店売上不振 『積木くずし』（穂積隆信） 『オリーブ』（マガジンハウス）／『ザ・テレビジョン』（角川書店）

1983	青山無印良品 WAVE［六本木］ 東京ディズニーランド［浦安］ **新所沢パルコ（本格的郊外SC）** 新宿ワシントンホテル 能見台西友	つくばセンタービル SR6［渋谷］ ラフォーレミュージアム赤坂 NEWS［六本木］ 赤坂ツインタワービル	ワンルームマンション人気 小売業のライフスタイリスト化／流通業カード戦略／CATV向ソフト会社 西友＝質販店路線、「無印良品青山」好調、「メカトロショップ」導入 オリーブ少女／穴あきTシャツなどボロファッション／ニュートラ、サーファー衰退→DCへ／男性のテクノカット 「オールナイトフジ」／「ふぞろいの林檎たち」／『見栄講座』（ホイチョイプロダクション） 『構造と力』（浅田彰）／『LEE』（集英社）／『ViVi』（講談社）／『月刊カドカワ』（角川書店）
1984	**有楽町マリオン（西武＋阪急、銀座ルネッサンス）** プランタン銀座**（専門大店構想に基づくパリ感覚あふれるライフデザインストア）** ミロード［新宿］ ららぽーと志木 東京ヒルトンインターナショナル［新宿］ 六本木プリンスホテル RAMLA［飯田橋駅ビル］ 原宿ビブレ21 池袋東急ハンズ PRIMO［大森駅ビル］	両国国技館 東芝本社ビル［芝浦］ 日本住宅公団葛西クリーンタウン マリオン（朝日ホール）［東京ほか］ ヴィル・セゾン小手指 東京ガス本社ビル［浜松町］	ロサンゼルス五輪 エリマキトカゲ 埼京線開通（池袋） CD（コンパクトディスク）誕生 「CNNデイウォッチ」（テレビ朝日） マイケル・ジャクソン、マドンナブーム 日本初、男性用口紅・ファンデーション発売（小林コーセー） ローティーンにマリンルック／女性の刈り上げヘア／女性のメンズもの着用 『ギャルズライフ』など国会で問題となる 『CLASSY.』（光文社）／『ef』（主婦の友社）／『FRIDAY』（講談社）／『BH』（PARCO出版） 『金魂巻』（渡辺和博）
1985	伊勢丹シンデレラシティ［新宿］ スパイラル［青山］ ザ・プライム［渋谷］ ホテルメトロポリタン［池袋］ ホンダ青山ビル 渋谷丸井 上野丸井	自由が丘チルドレンミュージアム こどもの城［青山］ 建築協定付き住宅地 西京桂坂	警視庁『いじめ白書』 「科学万博―つくば'85」 東北新幹線開通（上野） サザビー、アニエスb.人気 「夕やけニャンニャン」／小泉今日子人気 東京ファッションデザイナー協議会発足、代々木のテントでコレクション開催

西暦	商業施設（カッコ内は店のコンセプトなど）	代表的な建築	社会・文化・流行
	広尾ガーデンヒルズ 浅草ビューホテル 錦糸町テルミナ プラザ元加賀［清澄白河］ 北千住WIZ 筑波西武百貨店 **つかしん**［尼崎］**（SCではなく街をつくる）**		DCブランド全盛、ブランドバーゲンに長蛇の列 セーラーズ／太眉／ロゴ入りスタジャン／男女共にリュック／「マヌカン」／「ディスコスト」 『Emma』（文藝春秋）／『オレンジページ』（アシーネ）
1986	西武SEED館［渋谷］ ラフォーレ原宿パート2 丸井メンズ館［新宿］ タンゴ［芝浦］ アークヒルズ［赤坂］ ライズビル［渋谷］ ONE-OH-NINE［渋谷］**（少しおとなのコーディネート）** 新宿ワシントンホテル新館 浅草ROX 錦糸町西武 サンルートプラザ東京［浦安］ 池袋センターシティホテル 所沢西武百貨店	インクスティック芝浦 サントリーホール［赤坂］ アピレ（赤羽駅西口再開発第一期）	男女雇用機会均等法施行 株価高騰／地価高騰 埼京線開通（新宿） 伊勢丹、初の男性向けメイクアップコーナー開設 「写ルンです」 ウォーターフロント おニャン子クラブ人気 エスニック料理 お嬢様ブーム 「夜霧のハウスマヌカン」（やや） ボディコン／DCブランド大ブーム／メンズD&Cバーゲン盛況／ダイアナファッション 男性ファッション誌『メンズノンノ』（集英社）／『ファインボーイズ』（日之出出版）
1987	ポロ・ラルフ・ローレン［銀座］ 西武ロフト館［渋谷］ 日比谷シャンテ 有楽町西武B館 109-②［渋谷］ ルミネ2［新宿］ 光が丘IMA 主婦の友3号館ビル、カザルスホール［駿河台］	銀座セゾン劇場 ホテル西洋銀座 有明コロシアム 新得町サホロリゾート	国鉄の民営化→JRに NY市場「ブラックマンデー」東京株式市場も大暴落 ディンクス カウチポテト 朝シャン 日産「Be-1」 ワンレン、ボディコン／アメカジ 「私をスキーに連れてって」 『ノルウェイの森』（村上春樹）

1988	クラブ・クアトロ［渋谷］ パイクファクトリー［勝どき］ ONE-OH-NINE 30'S［渋谷］ MZA有明 銀座東武ホテル ららぽーと2［船橋］ シェラトングランデトーキョーベイホテル&タワーズ［浦安］ 東京ベイヒルトン［浦安］ 第一ホテル東京ベイ［浦安］ ニッケコルトンプラザ［市川］	東京証券取引所ビル［日本橋］ NKホール［浦安］ 日清パワーステーション［新宿］ カレッジミュージアム［恵比寿］ 東京ドーム［水道橋］ 原宿クエスト 西戸山タワーガーデン（グローブ座） イーストヒル町屋 住友芝浦ビル 住友ツインビル［新川］ 夢の島熱帯植物園	フローレス・セイコ［自由が丘］ 世界最長の青函トンネル開通 有楽町線 新富町～新木場開通 W浅野大人気 「J-WAVE」開局 「渋カジ（渋谷カジュアル）」登場（前期：ポロラルフローレン、高校生・大学生の上品カジュアル） 『キッチン』（吉本ばなな） 『Hanako』（マガジンハウス）／『日経ウーマン』（日経ホーム社）
1989	マイカル本牧、アポロシアター［横浜］ 東急Bunkamura［渋谷］ 大井町丸井	横浜ベイブリッジ 幕張メッセ 横浜アリーナ 新宿エルタワー 紀尾井町ビル アサヒビール［浅草］ 新川小川運輸ビル 横浜美術館 新本牧地区再開発	昭和天皇崩御 国政選挙社会党大勝 消費税スタート 天安門事件 ベルリンの壁崩壊 横浜博覧会 アーバンエスニック／ロングフレアスカート／アウトドア／カントリー調（ラルフローレン）／サンタフェスタイル／ビームスなど編集型路面店の人気復活／インポートブランド人気 『「NO」と言える日本人』（石原慎太郎・盛田昭夫） 『CUTiE』（宝島社）／『SPUR』（集英社）／『ヴァンテーヌ』（婦人画報社・現アシェット婦人画報社）
1990	バーニーズニューヨーク［新宿］ ユナイテッドアローズ［渋谷］ トランスコンチネンツ［渋谷］ 東京ベイホテル東急［浦安］ 幕張テクノガーデン	水戸芸術館 スペースワールド［北九州］ 東京都写真美術館［恵比寿］ 東京芸術劇場［池袋］ サンリオピューロランド［多摩市］ 御殿山ヒルズ 北品川IONビル 新宿副都心三号地の信託ビル	「団塊ジュニア」台頭 スーパーファミコン発売（任天堂） ちびまる子ちゃん フリッパーズギター／ドリカム 職業選択の自由 クリスマスエクスプレス オヤジギャル 国際花と緑の博覧会［大阪］

西暦	商業施設（カッコ内は店のコンセプトなど）	代表的な建築	社会・文化・流行
		大森駅前再開発ビル第一期 北沢タウンホール［下北沢］ 三菱倉庫東京ダイヤビル五号館［新川］ 隅田リバーサイドタワー［新川］ 住友茅場町ビル 新川共同ビル 千葉マリンスタジアム［幕張］	「渋カジ」浸透（後期：紺ブレ・金ボタン＋リーバイス501人気）／くしゅくしゅソックス、女子高生スタイル／キレカジ／B.C.B.G. 『愛される理由』（二谷友里恵） 『フィガロジャポン』（現・阪急コミュニケーション）／『ケイコとマナブ』（リクルート）／『すてきな奥さん』（主婦と生活社）
1991	新宿三越南館 幕張ショッピングセンター ジュリアナ東京［芝浦］	東京都庁［西新宿］ 竹芝シーバンス 大川端リバーシティ21［月島］ ワールドビジネスガーデン［幕張］ パシフィコ横浜（国際会議場・ホテル）	「バブル崩壊」と証券・金融不祥事続出 携帯電話「ムーバ」の登場 キレカジ、デルカジ（渋カジの上品バージョン）／パラギャル登場／アディダスなど黒人ファッション 「東京ラブストーリー」／「101回目のプロポーズ」 『サンタ・フェ』（宮沢りえ）→雑誌・写真集・映画などで〝ヘア論争〟 『FRaU』（講談社）
1992	L・L・ビーン一号店［自由が丘］ ナムコ・ワンダーエッグ［二子玉川］ フランフラン一号店［天王洲アイル］ 新池袋駅ビル（東武など） 光が丘パークタウン IHI豊洲ビル 幕張プリンスホテル	ハウステンボス［長崎］ ワイルドブルーヨコハマ 西早稲田地区再開発 錦糸町北口地区再開発 恵比寿工場跡地再開発 三軒茶屋地区再開発 都市高速道路12号線 大森駅前再開発ビル第二期	スーパーモデルが日本でも人気 フリーマーケットが全国各地で開催されるようになる アウトレットストア流行 学校週五日制 コギャル（LAスタイル）、茶髪／アニエスb.大人気／バスケットボール人気でシューズやウェアなど関連グッズ人気、男の子のダボカジ 『Oggi』（小学館）／『DENiM』（小学館）／『Forbes日本版』（ぎょうせい）
1993	ビームス東京［渋谷］ アウトレットモールリズム［志木］ 東京都健康プラザ 幕張ホテルニューオータニ	南大井六丁目再開発 江戸東京博物館［両国］ 亀有南口再開発 横浜ランドマークタワー レインボーブリッジ［東京湾岸］	Jリーグ開催 ジュリアナ現象／ポケベル人気／アウトドアブーム／「冬彦さん」／雅子さまブーム／DJブーム高校生に発展 さまざまなスタイルがストリートに入り乱れる／リサイクルスタイル（古着、フリーマーケットで買ったものを上手にコーディネートするスタイル）／ネオグランジ／アウトドアウェア、グッズ／スケーター、ボーダーファッション一般化

1994	P'パルコ［池袋］ 伊勢丹「解放区」［新宿］	関西国際空港開港	『barfout』などミディコミ創刊ブーム／『GQジャパン』（中央公論社）／『ジッパー』（祥伝社）／『シュシュ』（角川書店）／『たまごクラブ』『ひよこクラブ』（福武書店） 村山内閣成立 円レート戦後初の一〇〇円突破 平成コメ騒動 ウラ原宿／ボディピアス、タトゥー／「カマ男」ファッション／シャネラー／ルーズソックス 『マディソン郡の橋』（ロバート・ジェームズ・ウォラー）／『遺書』（松本人志）／『Kansai Walker』（角川書店）
1995	西武SEED館閉館、のちに「無印良品」となる	東京都現代美術館［清澄白河］	阪神淡路大震災 地下鉄サリン事件 Windows95 世界都市博中止
1996	キャナルシティ博多 スターバックス一号店［銀座］	東京ビッグサイト［有明］	
1997		東京国際フォーラム［丸の内］ 新国立劇場［初台］	
1998	ZARA一号店［渋谷］ ユニクロ原宿		
1999	Q-FRONT［渋谷］ 六本木WAVE閉店 ヴィーナスフォート、パレットタウン［台場］	JRセントラルタワーズ［名古屋］	西武美術館（セゾン美術館）閉館 Yes! Tokyo キャンペーン（東京都） 2ちゃんねる
2000	渋谷マークシティ hhstyle.com［原宿］		
2001	エルメス銀座	東京ディズニーシー［浦安］ ユニバーサル・スタジオ・ジャパン［大阪］	セゾングループ解散 小泉内閣発足 アメリカ同時多発テロ

西暦	商業施設（カッコ内は店のコンセプトなど）	代表的な建築	社会・文化・流行
2002	ルイ・ヴィトン表参道	丸ビル［丸の内］ 汐留シオサイト	はてな 都市再生特別措置法／都市再生緊急整備地域 日韓サッカーW杯
2003	伊勢丹メンズ館［新宿］ なんばパークス［大阪］ ディオール表参道 プラダ青山	六本木ヒルズ	ビジット・ジャパン・キャンペーン 東急文化会館閉館［渋谷］
2004	シャネル銀座	コレド日本橋 金沢21世紀美術館	mixi
2005	エチカ表参道	中部国際空港開港	小泉劇場／愛知万博
2006	109MEN'S［渋谷］ ららぽーと豊洲 IKEA船橋 表参道ヒルズ		
2007	ららぽーと横浜 渋谷パルコPART2閉館	東京ミッドタウン［赤坂］ 新丸ビル［丸の内］	
2008	**イオンレイクタウン**［越谷］ H&M一号店［銀座］ 阪急西宮ガーデンズ［兵庫］		観光庁設立 リーマン・ショック Facebook日本語版／Twitter日本語版／iPhone日本発売
2009	エチカ池袋		民主党政権発足
2010	エキュート東京［丸の内］ マルヤガーデンズ［鹿児島］		西武有楽町店閉店、翌年ルミネに転換 クール・ジャパン室 羽田空港・新国際線ターミナル
2011	代官山T-SITE テラスモール湘南	二子玉川ライズ 大阪ステーションシティ 宮下公園［渋谷］リニューアル 武蔵野プレイス［武蔵境］	東日本大震災 LINE

2012	渋谷ヒカリエ 東急プラザ表参道原宿 東京ソラマチ［押上］ ユニクロ銀座 ドーバーストリートマーケット銀座 ビックロ［新宿］ 丸亀町グリーン［香川］	東京スカイツリー［押上］ 東京駅復原 東京ゲートブリッジ［東京湾岸］	第二次安倍内閣 ロンドン・オリンピック2012
2013	渋谷西武・モヴィーダ館リニューアル CUTE CUBE HARAJUKU KITTE［丸の内］ イオンモール幕張新都心	歌舞伎座タワー［銀座］ 武雄市図書館［佐賀］	訪日外国人一〇〇〇万人突破 DJポリス 副都心線と東急東横線の相互乗り入れ
2014	la kagu［神楽坂］ 青山ベルコモンズ閉館	あべのハルカス［大阪］	
2015	渋谷モディ もりのみやキューズモールBASE［大阪］ EXPOCITY［大阪］ 東急プラザ渋谷閉館		安保法案可決 こどもの城閉館［青山］ 渋谷パルコ建替計画を発表
2016	NEWoMan［新宿］ 東急プラザ銀座 渋谷パルコ建替えのため休館		
2020			東京オリンピック・パラリンピック2020

【著者紹介】

三浦 展（みうら・あつし）

一九五八年生まれ。パルコのマーケティング情報誌『アクロス』編集長、シンクタンク勤務を経て、九九年カルチャースタディーズ研究所設立。『昭和の郊外』『郊外 その危機と再生』『郊外はこれからどうなる？』『東京は郊外から消えていく！』『吉祥寺スタイル』『高円寺 東京新女子街』『奇跡の団地 阿佐ヶ谷住宅』『東京高級住宅地探訪』『昭和「娯楽の殿堂」の時代』『新東京風景論』『人間の居る場所』『中央線がなかったら見えてくる東京の古層』『3・11後の建築と社会デザイン』など東京、都市、郊外に関する著書、共編著多数。近著に『東京田園モダン』（仮題、洋泉社、二〇一六年九月刊）。

藤村龍至（ふじむら・りゅうじ）

一九七六年生まれ。建築家。ＲＦＡ（藤村龍至建築設計事務所）主宰。東京工業大学大学院博士課程単位取得退学。東京藝術大学准教授。主な建築作品に「鶴ヶ島太陽光発電所環境教育施設」（二〇一四）、「家の家」（二〇一二）、「東京郊外の家」（二〇〇九）など。主な著書に『批判的工学主義の建築』、共著に『プロトタイピング』『コミュニケーションのアーキテクチャを設計する』、共編著に『リアル・アノニマスデザイン』『3・11後の建築と社会デザイン』がある。

南後由和（なんご・よしかず）

一九七九年生まれ。東京大学大学院学際情報学府博士課程単位取得退学。専門は社会学、都市・建築論。現在、明治大学情報コミュニケーション学部専任講師。編著に『建築の際』、共編著に『磯崎新建築論集7 建築のキュレーション』『文化人とは何か？』、共著に『ＴＯＫＹＯ１／４と考える オリンピック文化プログラム』『モール化する都市と社会』『路上と観察をめぐる表現史』がある。

商業空間は何の夢を見たか
1960〜2010年代の都市と建築

二〇一六年九月二一日　初版第一刷発行

著者　三浦 展・藤村龍至・南後由和
装幀　日下充典
発行者　西田裕一
発行所　株式会社平凡社
〒一〇一-〇〇五一　東京都千代田区神田神保町三-二九
電話　〇三-三二三〇-六五八五（編集）
〇三-三二三〇-六五七三（営業）
振替　〇〇一八〇-〇-二九六三九
印刷　株式会社東京印書館
製本　大口製本印刷株式会社
DTP　平凡社制作

ISBN978-4-582-83739-1　NDC分類番号 361.78
A5判（21.0cm）　総ページ 272
平凡社ホームページ　http://www.heibonsha.co.jp/